PyTorch

深度学习指南

计算机视觉 卷II

[巴西] 丹尼尔·沃格特·戈多伊（Daniel Voigt Godoy） 著

赵春江 译

全彩
印刷

机械工业出版社

CHINA MACHINE PRESS

"PyTorch 深度学习指南"丛书循序渐进地详细讲解了与深度学习相关的重要概念、算法和模型，并着重展示了 PyTorch 是如何实现这些算法和模型的。其共分三卷：编程基础、计算机视觉、序列与自然语言处理。

本书为该套丛书的第二卷：计算机视觉。本书主要介绍了深度模型、激活函数和特征空间；Torchvision、数据集、模型和转换；卷积神经网络、丢弃和学习率调度器；迁移学习和微调流行的模型（ResNet、Inception 等）等内容。

本书适用于对深度学习感兴趣，并希望使用 PyTorch 实现深度学习的 Python 程序员阅读学习。

Daniel Voigt Godoy

Deep Learning with PyTorch Step-by-Step：A Beginner's Guide：Computer Vision Volume Ⅱ

ISBN 979-8-482-60127-3

Copyright © 2022 Daniel Voigt Godoy

Simplified Chinese Translation Copyright © 2024 by China Machine Press. This edition is authorized for sale in the Chinese mainland (excluding Hong Kong SAR, Macao SAR and Taiwan).

All rights reserved.

本书中文简体字版由丹尼尔·沃格特·戈多伊授权机械工业出版社在中国大陆地区（不包括香港、澳门特别行政区及台湾地区）独家出版发行。未经出版者书面许可，不得以任何方式抄袭、复制或节录本书中的任何部分。

北京市版权局著作权合同登记 图字：01-2023-2137 号。

图书在版编目（CIP）数据

PyTorch 深度学习指南. 卷Ⅱ，计算机视觉/（巴西）丹尼尔·沃格特·戈多伊（Daniel Voigt Godoy）著；赵春江译.—北京：机械工业出版社，2024.3（2024.6 重印）

书名原文：Deep Learning with PyTorch Step-by-Step：A Beginner's Guide：Computer Vision Volume Ⅱ

ISBN 978-7-111-74972-1

Ⅰ．①P…　Ⅱ．①丹…　②赵…　Ⅲ．①机器学习　Ⅳ．①TP181

中国国家版本馆 CIP 数据核字（2024）第 013893 号

机械工业出版社（北京市百万庄大街 22 号　邮政编码 100037）
策划编辑：张淑谦　　　　　责任编辑：张淑谦　丁　伦
责任校对：王乐廷　李小宝　责任印制：刘　媛
北京中科印刷有限公司印刷
2024 年 6 月第 1 版第 2 次印刷
184mm×240mm · 15.5 印张 · 378 千字
标准书号：ISBN 978-7-111-74972-1
定价：109.00 元

电话服务　　　　　　　　网络服务
客服电话：010-88361066　机　工　官　网：www.cmpbook.com
　　　　　010-88379833　机　工　官　博：weibo.com/cmp1952
　　　　　010-68326294　金　书　网：www.golden-book.com
封底无防伪标均为盗版　　机工教育服务网：www.cmpedu.com

如果您正在阅读"PyTorch 深度学习指南"这套书，我可能不需要告诉您深度学习有多棒，PyTorch 有多酷，对吧？

但我会简单地告诉您，这套书是如何诞生的。2016 年，我开始使用 Apache Spark 讲授一门机器学习课程。几年后，我又开设了另一门机器学习基础课程。

在以往的某个时候，我曾试图找到一篇博文，以清晰简洁的方式直观地解释二元交叉熵背后的概念，以便将其展示给我的学生们。但由于找不到任何符合要求的文章，所以我决定自己写一篇。虽然我认为这个话题相当基础，但事实证明它是我最受欢迎的博文！ 读者喜欢我用简单、直接和对话的方式来解释这个话题。

之后，在 2019 年，我使用相同的方式撰写了另一篇博文"Understanding PyTorch with an example：a step-by-step tutorial"，我再次被读者的反应所惊讶。

正是由于他们的积极反馈，促使我写这套书来帮助初学者开始他们的深度学习和 PyTorch 之旅。我希望读者能够享受阅读，就如同我曾经是那么享受本书的写作一样。

致　　谢

首先，我要感谢网友——我的读者，你们使这套书成为可能。如果不是因为有成千上万的读者在我的博文中对 PyTorch 的大量反馈，我可能永远都不会鼓起勇气开始并写完这一套近七百页的书。

我要感谢我的好朋友 Jesús Martínez-Blanco（他把我写的所有内容都读了一遍）、Jakub Cieslik、Hannah Berscheid、Mihail Vieru、Ramona Theresa Steck、Mehdi Belayet Lincon 和 António Góis，感谢他们帮助了我，他们奉献出了很大一部分时间来阅读、校对，并对我的书稿提出了改进意见。我永远感谢你们的支持。我还要感谢我的朋友 José Luis Lopez Pino，是他最初推动我真正开始写这套书。

非常感谢我的朋友 José Quesada 和 David Anderson，感谢他们在 2016 年以学生身份邀请我参加 Data Science Retreat，并随后聘请我在那里担任教师。这是我作为数据科学家和教师职业生涯的起点。

我还要感谢 PyTorch 开发人员开发了如此出色的框架，感谢 Leanpub 和 Towards Data Science的团队，让像我这样的内容创作者能够非常轻松地在社区分享他们的工作。

最后，我要感谢我的妻子 Jerusa，她在本套书的写作过程中一直给予我支持，并花时间阅读了其中的每一页。

关 于 作 者

丹尼尔·沃格特·戈多伊(以下简称丹尼尔)是一名数据科学家、开发人员、作家和教师。自 2016 年以来,他一直在柏林历史最悠久的训练营 Data Science Retreat 讲授机器学习和分布式计算技术,帮助数百名学生推进职业发展。

丹尼尔还是两个 Python 软件包——HandySpark 和 DeepReplay 的主要贡献者。

他拥有在多个行业 20 多年的工作经验,这些行业包括银行、政府、金融科技、零售和移动出行等。

译 者 序

当今，深度学习已经成为计算机科学领域的一个热门话题，主要包括自然语言处理(如文本分类、情感分析、机器翻译等)、计算机视觉(如图像分类、目标检测、图像分割等)、强化学习(如通过与环境的交互来训练智能体，实现自主决策和行为等)、生成对抗网络(如利用两个神经网络相互对抗的方式来生成逼真的图像、音频或文本等)、自动驾驶技术(如利用深度学习技术实现车辆的自主驾驶等)、语音识别(如利用深度学习技术实现对语音信号的识别和转换为文本等)、推荐系统(如利用深度学习技术实现个性化推荐，以提高用户体验和购物转化率等)。

目前，主流的深度学习框架包括 PyTorch、TensorFlow、Keras、Caffe、MXNet 等。而 PyTorch 作为一个基于 Python 的深度学习框架，对初学者十分友好，原因如下：

- PyTorch 具有动态计算图的特性，这使得用户可以更加灵活地定义模型，同时还能够使用 Python 中的流程控制语句等高级特性。这种灵活性可以帮助用户更快地迭代模型，同时也可以更好地适应不同的任务和数据。
- PyTorch 提供了易于使用的接口(如 nn. Module、nn. functional 等)，使得用户可以更加方便地构建和训练深度学习模型。这些接口大大减少了用户的编码工作量，并且可以帮助用户更好地组织和管理模型。
- PyTorch 具有良好的可视化工具(如 TensorBoard 等)，这些工具可以帮助用户更好地理解模型的训练过程，并且可以帮助用户更好地调试模型。
- PyTorch 在 GPU 上的性能表现非常出色，可以大大缩短模型训练时间。

综上所述，PyTorch 是一个非常适合开发深度学习模型的框架，它提供了丰富的工具和接口。同时，还具有灵活和良好的可视化工具，可以帮助用户更快、更好地开发深度学习模型。

市场上有许多讲解 PyTorch 的书籍，但"PyTorch 深度学习指南"这套丛书与众不同、独具特色，其表现为：

- 全面介绍 PyTorch，包括其历史、体系结构和主要功能。
- 涵盖深度学习的基础知识，包括神经网络、激活函数、损失函数和优化算法。
- 包括演示如何使用 PyTorch 构建和训练各种类型的神经网络(如前馈网络、卷积网络和循环网络等)的分步教程和示例。
- 涵盖高级主题，如迁移学习、Seq2Seq 模型和 Transformer。

- 提供使用 PyTorch 的实用技巧和最佳实践，包括如何调试代码、如何使用大型数据集以及如何将模型部署到生产中等。
- 每章都包含实际示例和练习，以帮助读者加强对该章内容的理解。

例如，目前最火爆的 ChatGPT 是基于 GPT 模型的聊天机器人，而 GPT 是一种基于 Transformer 架构的神经网络模型，用于自然语言处理任务，如文本生成、文本分类、问答系统等。GPT 模型使用了深度学习中的预训练和微调技术，通过大规模文本数据的预训练来学习通用的语言表示，然后通过微调来适应具体的任务。Transformer 架构模型、预训练、微调等技术，在这套丛书中都有所涉及。相信读者在读完本丛书后，也能生成自己的聊天机器人。

此外，本丛书结构合理且易于理解，对于每个知识点的讲解，作者都做到了循序渐进、娓娓道来，而且还略带幽默。

总之，本丛书就是专为那些没有 PyTorch 或深度学习基础的初学者而设计的。

丛书的出版得到了译者所在单位合肥大学相关领导和同事的大力支持，在此表示诚挚的感谢。

鉴于译者水平有限，书中难免会有错误和不足之处，真诚欢迎各位读者给予批评指正。

目 录 CONTENTS

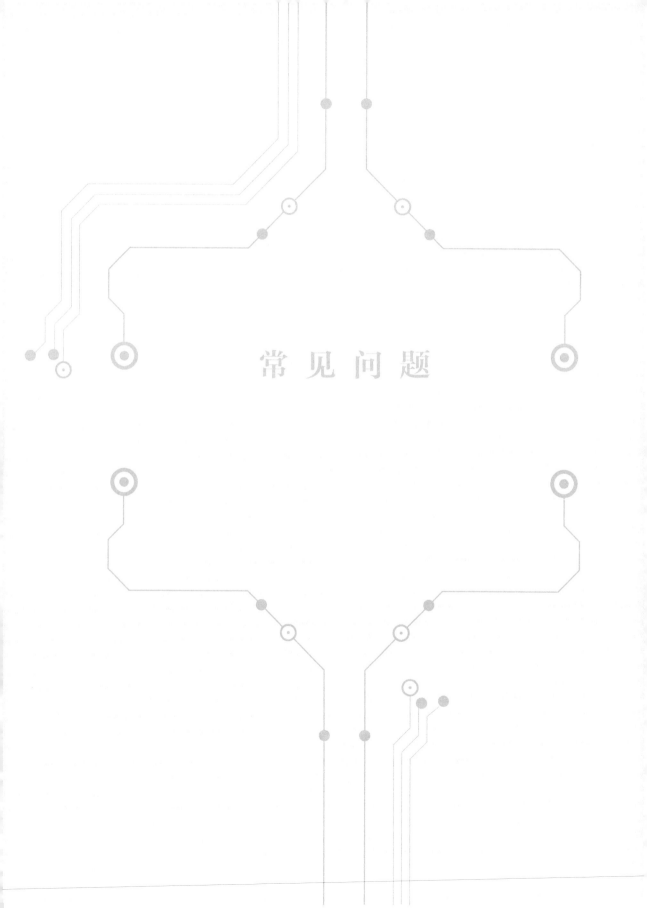
常 见 问 题

为什么选择 PyTorch?

首先，在 PyTorch 中编写代码很**有趣**。确实，它有一些功能可以让编写代码变得非常轻松和愉快……有人说这是因为它非常 **Python 化**，或者也许还有其他东西，谁知道呢？我希望，在学习完这套书后，您也会有这样的感觉。

其次，也许对您的健康有一些意想不到的好处——请查看 Andrej Karpathy 的推文[1]。

抛开玩笑不谈，PyTorch 是用于开发深度学习模型**发展最快**的框架[2]之一，它拥有**庞大的生态系统**[3]。也就是说，在 PyTorch 之上开发了许多工具和库。它已经是学术界的**首选框架**[4]，并且在行业中应用越来越广泛。

PyTorch[5]已经为多家公司提供支持，这里仅举几例：

- **Facebook**：该公司是 2016 年 10 月发布 PyTorch 的原始开发者。
- **特斯拉**：在这个视频[6]中观看 Andrej Karpathy（特斯拉的 AI 总监）关于"*how Tesla is using PyTorch to develop full self-driving capabilities for its vehicles*"的讲话。
- **OpenAI**：2020 年 1 月，OpenAI 决定在 PyTorch 上标准化其深度学习框架[7]。
- **fastai**：fastai 是一个建立在 PyTorch 之上的库[8]，用于简化模型训练，并且在它的 *Practical Deep Learning for Coders*[9] 课程中被使用。fastai 库与 PyTorch 有着密切的联系，"如果您对 PyTorch 不了解，就不可能真正地熟练使用 fastai"[10]。
- **Uber**：该公司是 PyTorch 生态系统的重要贡献者，它开发了 Pyro[11]（概率编程）和 Horovod[12]（分布式训练框架）等库。
- **Airbnb**：PyTorch 是该公司客户服务对话助手的核心[13]。

本套书**旨在让您开始使用 PyTorch**，同时让您**深入理解它的工作原理**。

 为什么选择这套书？

市场上有很多关于 PyTorch 的书籍和教程，其文档已非常完整和广泛。那么，您**为什么**要选择这套书呢？

首先，这**是**一套不同于大多数教程的书：大多数教程都从一些漂亮的图像分类问题开始，用以说明如何使用 PyTorch。这可能看起来很酷，但我相信它会**分散**您的**主要学习目标：PyTorch 是如何工作的**。在本书中，我介绍了一种**结构化的、增量的、从第一原理**开始学习 PyTorch 的方法。

其次，这**不是一套规范刻板（传统意义）的书**：我正在写的这套书，**就好像我在与您**（读者）**交谈一样**。我会问您**问题**（并在不久之后给您答案），我也会开（看似愚蠢的）**玩笑**。

我的工作就是让您**理解**这个主题，所以我会尽可能地**避免使用花哨的数学符号**，而是用**通俗的语言来解释它**。

在这套书中，我将**指导**您在 PyTorch 中**开发**许多模型，并向您展示为什么 PyTorch 能在 Python

中让构建模型变得**更加容易**和**直观**：Autograd、动态计算图、模型类等。

我们将**逐步**构建模型，这不仅要构建模型本身，还包括您的**理解**，因为我将向您展示代码背后的**推理**以及**如何避免一些常见的陷阱和错误**。

专注于基础知识还有另一个好处：这套书的**知识保质期可能更长**。对于技术书籍，尤其是那些专注于尖端技术的书籍，很快就会过时。希望这套书不会出现这种情况，因为**基本的机理没有改变，概念也没有改变**。虽然预计某些语法会随着时间的推移而发生变化，但我认为不会很快出现向后兼容性的破坏性的变化。

还有一件事：如果您还没有注意到的话，那就是**我真的**很喜欢使用**视觉提示**，即**粗体**和楷体突出显示。我坚信这有助于读者更容易地**掌握**我试图在句子中传达的**关键思想**。您可以在"**如何阅读这套书？**"部分找到更多相关信息。

谁应该读这套书？

我为**一般初学者**写了这套书——不仅仅是 PyTorch 初学者。时不时地，会花一些时间来解释一些**基本概念**，我认为这些概念对于正确**理解代码中的内容**是至关重要的。

最好的例子是**梯度下降**，大多数人在某种程度上都熟悉它。也许您知道它的一般概念，也许您已经在 Andrew Ng 的机器学习课程中看到过它，或者您甚至**自己计算了一些偏导数**。

在真实情况下，梯度下降的**机制**将由 **PyTorch 自动处理**(呃，剧透警报)。但是，无论如何我都会引导您完成它(当然，除非您选择完全跳过第 0 章)，因为如果您知道**代码中的很多元素**，以及**超参数的选择**(如学习率、小批量大小等)**从何而来**，则您可以更容易理解它们。

也许您已经很了解其中的一些概念：如果是这种情况，您可以直接**跳过**它们，因为我已经使这些解释尽可能独立于其余内容。

但是**我想确保每个人都在同一条起跑线上**，所以，如果您刚刚听说过某个特定概念，或者如果您不确定是否完全理解它，则这些解释就是为您准备的。

我需要知道什么？

这是一套面向初学者的书，所以我假设尽可能**少的先验知识**——如上一节所述，我将在必要时花一些时间解释基本概念。

话虽如此，但以下内容是我对读者的期望：

- 能够使用 **Python** 编写代码(如果您熟悉面向对象编程(OOP)，那就更好了)。
- 能够使用 PyData 堆栈(如 **numpy**、**matplotlib** 和 **pandas** 等)和 **Jupyter Notebook** 工作。
- 熟悉**机器学习**中使用的一些基本概念，如：
  - 监督学习(回归和分类)。
  - 回归和分类的损失函数(如均方误差、交叉熵等)。

  ○ 训练–验证–测试拆分。

  ○ 欠拟合和过拟合(偏差–方差权衡)。

  ○ 评估指标(如混淆矩阵、准确率、精确率、召回率等)。

即便如此，我仍然会简要地涉及上面的**一些**主题，但需要在某个地方划清界限；否则，这套书的篇幅将是巨大的。

如何阅读这套书？

由于该书是**初学者指南**，您应按**顺序**阅读，因为想法和概念是逐步建立的。书中的**代码**也是如此；您应该能够重现所有输出，前提是您按照介绍的顺序执行代码块。

这套书在**视觉**上与其他书籍不同，正如我在"**为什么选择这套书？**"中提到的那样。我**真的**很喜欢利用**视觉提示**。虽然严格来说这不是一个**约定**，但可以通过以下方式解释这些提示。

- 用**粗体**来突出我认为在句子或段落中**最相关的词**，而楷体也被认为是重要的(虽然还不够重要到加粗)。
- 变量系数和参数一般用斜体表示，如公式中的字符等。
- 每个**代码单元**之后都有另一个单元显示相应的**输出**(如果有的话)。
- 本书中提供的**所有代码**都可以在 GitHub 上的**官方资料库**中找到，网址如下：

https://github.com/dvgodoy/PyTorchStepByStep

带有**标题**的代码单元是工作流程的重要组成部分：

标题显示在这里

```
1  #无论在这里做什么,都会影响其他的代码单元
2  #此外,大多数单元都由注释来解释正在发生的事情
3  x = [1., 2., 3.]
4  print(x)
```

如果代码单元有任何输出，无论是否有标题，都**会**有另一个代码单元描述相应的**输出**，以便您检查是否成功重现了它。

输出：

```
[1.0, 2.0, 3.0]
```

一些代码单元**没有**标题——运行它们不会影响工作流程：

```
#这些单元说明了如何编写代码,但它们不是主要工作流程的一部分
dummy = ['a', 'b', 'c']
print(dummy[::-1])
```

但即使是这些单元也显示了它们的输出。

输出：

```
['c', 'b', 'a']
```

根据相应的图标，我使用旁白来交流各种内容：

 警告：潜在的**问题**或需要**注意**的事项。

 提示：我真正希望您**记住**的关键内容。

 信息：需要**注意**的重要信息。

 技术性：**参数化**或**算法内部工作**的技术方面。

 问和答：问自己**问题**(假装是您，即读者)，并在同一个区域或不久之后回答。

 讨论：关于一个概念或主题的简短讨论。

 稍后：稍后将详细介绍的重要主题。

 趣闻：笑话、双关语、备忘录、电影中的台词。

 下一步是什么？

是时候使用**设置指南**为您的学习之旅**设置**环境了。

扩展阅读

文中提到的阅读资料(网址)请读者按照本书封底的说明方法自行下载。

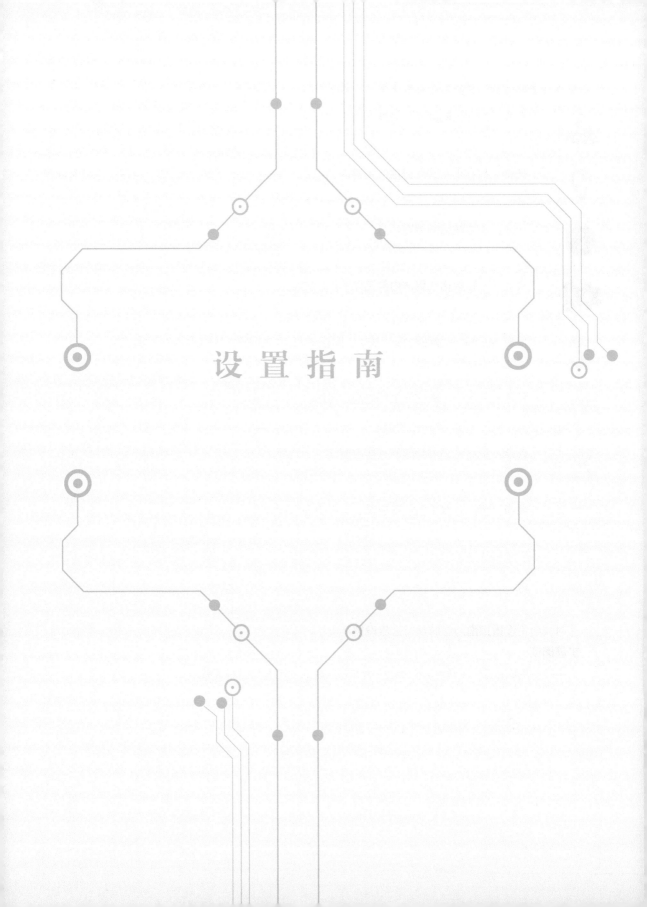

设 置 指 南

官方资料库

本书的官方资料库在 GitHub 上，https://github.com/dvgodoy/PyTorchStepByStep。

它包含了本书中**每一章**的 **Jupyter Notebook**。每个 Notebook 都包括相应章节中所显示的**所有代码**，您应该能够**按顺序运行其代码**以获得**相同的输出**，如书中所示。我坚信，能够**重现结果**会给读者带来**信心**。

 环境

您有**三种方法**可以用来运行 Jupyter Notebook：

- 谷歌 Colab(https://colab.research.google.com)。
- Binder(https://mybinder.org/)。
- 本地安装。

下面简单讨论一下每种方法的**优缺点**。

 ▶ 谷歌 Colab

谷歌 Colab"允许您在浏览器中编写和执行 Python、零配置、免费访问 GPU 和轻松共享"[15]。

您可以使用 Colab 的特殊网址(https://colab.research.google.com/github/)**直接从 GitHub 轻松加载 Notebook**。只需输入 GitHub 的用户或组织(如我的 dvgodoy)，它就会显示所有公共资料库的列表(如本书的 PyTorchStepByStep)。

在选择一个资源库后，同时会列出可用的 Notebook 和相应的链接，以便在一个新的浏览器标签中打开它们(如图 00. 1 所示)。

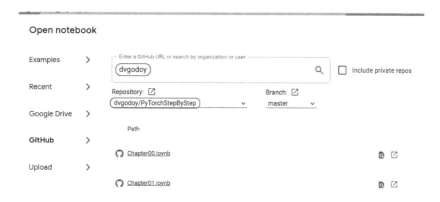

● 图 00. 1　谷歌 Colab 的特殊网址

您还可以使用 **GPU**，这对于**更快**地训练深度学习模型非常有用。更重要的是，如果您对 Notebook 进行**更改**，谷歌 Colab 将会**保留这些更改**。整个设置非常方便，我能想到的**缺点**是：

- 需要**登录**谷歌账户。
- 需要(重新)安装不属于谷歌 Colab 默认配置的 Python 软件包。

Binder"允许您创建可由许多远程用户共享和使用的自定义计算环境"[16]。

您也可以**直接从 GitHub 加载 Notebook**，但过程略有不同。Binder 会创建一个类似于"虚拟机"的东西(从技术上讲，它是一个容器，但我们暂且不论)，复制资料库并启动 Jupyter。这允许您在浏览器中访问 **Jupyter 的主页**，就像您在本地运行它一样，但一切都在 JupyterHub 服务器上运行。

只需访问 Binder 的网站(https://mybinder.org/)，并输入您想要浏览的 GitHub 资料库网址(如 https://github.com/dvgodoy/PyTorchStepByStep)，然后单击 **launch**(启动)按钮。构建映像并打开 Jupyter 的主页需要几分钟时间(如图 00.2 所示)。

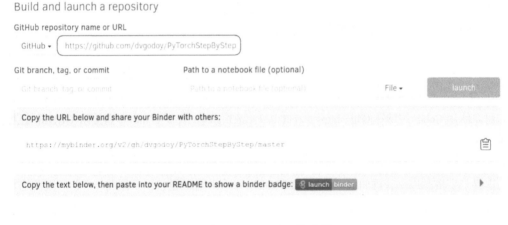

- 图 00.2 Binder 的主页

您也可以通过链接直接**启动**本书资源库的 **Binder**，即 https://mybinder.org/v2/gh/dvgodoy/PyTorchStepByStep/master。

使用 Binder 非常方便，因为它**不需要任何类型的预先设置**。任何成功运行环境所需的 Python 软件包都可能在启动过程中被安装(如果由资料库的作者提供的话)。

另一方面，启动可能**需要一些时间**，并且在会话过期后它**不会保留您的修改**(因此，请确保**下载**您修改过的任何 Notebook)。

该方法将为您提供更大的灵活性，但设置起来需要花费更多的时间。我提倡您尝试设置自己的环境。起初可能看起来令人生畏，但您肯定可以通过以下 7 个简单步骤完成它：

清　单

□1. 安装 **Anaconda**。

□2. 创建并激活一个**虚拟环境**。

□3. 安装 **PyTorch** 软件包。

□4. 安装 **TensorBoard** 软件包。

□5. 安装 **GraphViz** 软件和 **TorchViz** 软件包(**可选**)。

□6. 安装 **git** 并**复制**资料库。

□7. 启动 **Jupyter** Notebook。

1. Anaconda

如果您还没有安装 **Anaconda 个人版**[17]，那么这将是安装它的好时机——这是一种方便的开始方式——因为它包含了数据科学家开发和训练模型所需要的大部分 Python 库。

请按照所属操作系统的**安装说明**进行相应操作:

- Windows(https://docs.anaconda.com/anaconda/install/windows/)。
- macOS(https://docs.anaconda.com/anaconda/install/mac-os/)。
- Linux(https://docs.anaconda.com/anaconda/install/linux/)。

 确保您选择的是 **Python 3.x** 版本，因为 Python 2.x 已于 2020 年 1 月不再提供错误修复版或安全更新。

安装 Anaconda 之后，就可以创建环境了。

2. Conda(虚拟)环境

虚拟环境是隔离与不同项目相关的 Python 安装的便捷方式。

 "环境是什么?"

它几乎是 **Python 本身及其部分**(**或全部**)**库的复制**，因此，您最终会在计算机上安装多个 Python。

 您可能想知道:"为什么我不能只安装一个 Python 来完成所有工作?"

有这么多独立开发的 Python **库**，每个库都有不同的版本，每个版本都有不同的**依赖关系**(对其他库)，**事情很快就会失控**。

讨论这些问题超出了本书的范围，但请相信我的话(或者通过网络搜寻答案)，如果您养成了**为每个项目创建不同环境的习惯**，将会受益匪浅。

 "我该如何创建一个环境?"

首先，您需要为自己的环境选择一个**名称**，称之为 pytorchbook(或其他任何您觉得容易记住的名称)。然后，您需要打开**终端**(在 Ubuntu 中)或 **Anaconda Prompt**(在 Windows 或 macOS 中)，再输入以下命令：

```
$ conda create -n pytorchbook anaconda
```

上面的命令创建了一个名为 pytorchbook 的 Conda 环境，并在其中包含了**所有 Anaconda 软件包**(此时该喝杯咖啡了，因为这需要一段时间……)。如果您想了解有关创建和使用 Conda 环境的更多信息，请查看 Anaconda 的管理环境用户指南[18]。

环境创建完成了吗？很好，现在是**激活它**的时候了。也就是说，让 **Python 安装**成为现在要使用的环境。在同一个终端(或 Anaconda Prompt)中，只要输入以下命令：

```
$ conda activate pytorchbook
```

您看到的提示应该是这样的(如果您使用的是 Linux)：

```
(pytorchbook) $
```

或者像这样(如果您使用的是 Windows)：

```
(pytorchbook)C:\>
```

完成了，您现在正在使用一个**全新的 Conda 环境**。您需要在每次打开新终端时**激活它**，或者如果您是 Windows 或 macOS 用户，可以打开相应的 Anaconda Prompt[在我们的例子中，它将显示为 **Anaconda Prompt**(**pytorchbook**)]，这将从一开始就激活它。

 重要提示：从现在开始，我假设您每次打开终端/Anaconda Prompt 时都会激活 pytorchbook 环境，进一步的安装步骤**必须**在这个环境中执行。

3. PyTorch

这里仅仅是以防您略过介绍，为了吸引您，我说 PyTorch 是最酷的**深度学习框架之一**。

它是"*一个开源机器学习框架，加速了从研究原型到生产部署的过程*"[19]。听起来不错，对吗？嗯，在这一点上我可能不需要说服您。

是时候安装"节目的明星"了，可以直接从**本地启动**(https://pytorch.org/get-started/locally/)，它会自动选择最适合您的本地环境，并显示要**运行的命令**(如图 00.3 所示)。

下面给出其中的一些选项。

- PyTorch 构建：始终选择**稳定**版本。
- 软件包：假设您使用的是 **Conda**。
- 语言：很明显，是 **Python**。

因此，剩下两个选项：**您的操作系统**和 **CUDA**。

 "CUDA 是什么？"您问。

START LOCALLY

Select your preferences and run the install command. Stable represents the most currently tested and supported version of PyTorch. This should be suitable for many users. Preview is available if you want the latest, not fully tested and supported, builds that are generated nightly. Please ensure that you have **met the prerequisites below (e.g., numpy)**, depending on your package manager. Anaconda is our recommended package manager since it installs all dependences. You can also install previous versions of PyTorch. Note that LibTorch is only available for C++.

NOTE: Latest PyTorch requires Python 3.8 or later. For more details, see Python section below.

PyTorch Build	Stable (2.2.1)		Preview (Nightly)	
Your OS	Linux	Mac	Windows	
Package	Conda	Pip	LibTorch	Source
Language	Python		C++ / Java	
Compute Platform	CUDA 11.8	CUDA 12.1	ROCm 5.7	CPU
Run this Command:	`conda install pytorch torchvision torchaudio pytorch-cuda=11.8 -c pytorch -c nvidia`			

● 图 00.3　PyTorch 的本地启动

使用 GPU/CUDA

CUDA"是英伟达(NVIDIA)公司为在图形处理单元(GPU)上进行通用计算而开发的一个并行计算平台和编程模型"[20]。

如果您的计算机中有 **GPU**(可能是 GeForce 显卡),则可以利用它的强大功能来训练深度学习模型,速度比使用 CPU **快得多**。在这种情况下,您应该选择安装包含支持 CUDA 的 PyTorch。

但这还不够,如果您还没有这样做,则需要安装最新的驱动程序、CUDA 工具包和 CUDA 深度神经网络库(cuDNN)。关于 CUDA 更详细的安装说明不在本书的范围之内,感兴趣的读者可查阅相关资料。

使用 GPU 的**优势**在于,它允许您**更快地迭代**,并**尝试更复杂的模型和更广泛的超参数**。

就我而言,我使用 **Linux**,并且有一个安装了 CUDA 11.8 版的 **GPU**,所以我会在**终端**中运行以下命令(在激活环境后):

```
(pytorchbook) $ conda install pytorch torchvision torchaudio pytorch-cuda=11.8 -c pytorch -c nvidia
```

使用 CPU

如果您**没有 GPU**,则应为 CUDA 选择 **None**。

"我可以在**没有** GPU 的情况下运行代码吗?"您问。

当然可以。本书中的代码和示例旨在让**所有读者**都能迅速理解它们。一些示例可能需要更多的计算能力,但也仅涉及 CPU 被占用的那**几分钟**,而不是几小时。如果您没有 GPU,**请不要担心**。此外,如果您需要使用 GPU 一段时间,可以随时使用谷歌 Colab。

如果我有一台 **Windows** 计算机,并且**没有 GPU**,我将不得不在 **Anaconda Prompt**(**pytorchbook**)中

运行以下命令：

```
(pytorchbook) C:\> conda install pytorch torchvision torchaudio cpuonly -c pytorch
```

安装 CUDA

CUDA：为 GeForce 显卡、NVIDIA 的 cuDNN 和 CUDA 工具包等安装驱动程序可能具有挑战性，并且高度依赖您拥有的型号和使用的操作系统。

1）要安装 GeForce 的驱动程序，请访问 GeForce 的网站（https://www.geforce.com/drivers），选择您的操作系统和显卡型号，然后按照安装说明进行操作。

2）要安装 NVIDIA 的 CUDA 深度神经网络库（cuDNN），您需要在 https://developer.nvidia.com/cudnn 上注册。

3）对于安装 CUDA 工具包（https://developer.nvidia.com/cuda-toolkit），请按照您操作系统的提示，选择一个本地安装程序或可执行文件。

macOS：如果您是 macOS 用户，请注意 PyTorch 的二进制文件**不支持 CUDA**，这意味着如果想使用 GPU，则需要**从源代码**安装 PyTorch。这是一个有点复杂的过程（如 https://github.com/pytorch/pytorch#from-source 中所述），所以，如果您不喜欢它，可以选择**不使用 CUDA**，仍然能够执行本书中的代码。

4. TensorBoard

TensorBoard 是 TensorFlow 的**可视化工具包**，它"提供了机器学习实验所需的可视化和工具"[21]。

TensorBoard 是一个强大的工具，即使我们在 PyTorch 中开发模型也可以使用它。幸运的是，不用安装整个 TensorFlow 即可获得它，您可以使用 **Conda** 轻松地**单独安装 TensorBoard**。您只需要在**终端**或 **Anaconda Prompt** 中运行如下命令（同样，在激活环境后）：

```
(pytorchbook) $ conda install -c conda-forge tensorboard
```

5. GraphViz 和 TorchViz（可选）

此步骤是可选的，主要是因为 GraphViz 的安装有时可能具有挑战性（尤其是在 Windows 上）。如果由于某种原因，您无法正确安装它，或者如果您决定跳过此安装步骤，仍然**可以执行本书中的代码**（除了第 1 章动态计算图部分中生成模型结构图像的两个单元外）。

GraphViz 是一个开源的图形可视化软件。它是"一种将结构信息表示为抽象图和网络图的方法"[22]。

只有在安装 GraphViz 后才能使用 **TorchViz**，它是一个简洁的软件包，能够可视化模型的结构。请在 https://www.graphviz.org/download/ 中查看相应操作系统的**安装说明**。

如果您使用的是 Windows，请使用 **GraphViz 的 Windows 软件包**安装程序，网址是 https://graphviz.gitlab.io/_pages/Download/windows/graphviz-2.38.msi。

您还需要将 GraphViz 添加到 Windows 中的 PATH（环境变量）。最有可能的是，可以在 C:\ProgramFiles（x86）\Graphviz2.38\bin 中找到 GraphViz 可执行文件。找到它后，需要相应地设置或更改 PATH，才能将 GraphViz 的位置添加到其中。

有关如何执行此操作的更多详细信息，请参阅"How to Add to Windows PATH Environment Variable"[23]。

有关其他信息，您还可以查看"How to Install Graphviz Software"[24]。

在安装 GraphViz 之后，就可以安装 **TorchViz**[25] 软件包了。这个软件包**不是** Anaconda 发行库[26] 的一部分，只在 Python 软件包索引 **PyPI**[27] 中可用，所以需要用 pip 安装它。

再次打开**终端**或 **Anaconda Prompt**，并运行如下命令（在激活环境后）：

```
(pytorchbook) $ pip install torchviz
```

要检查 GraphViz/TorchViz 的安装情况，可以尝试下面的 Python 代码：

```
(pytorchbook) $ python
```

```
Python 3.9.0 (default, Nov 15 2020, 14:28:56)
[GCC 7.3.0] :: Anaconda, Inc. on linux
Type "help", "copyright", "credits" or "license" for more information.
>>> import torch
>>> from torchviz import make_dot
>>> v = torch.tensor(1.0, requires_grad=True)
>>> make_dot(v)
```

如果一切**正常**，应该会看到如下内容：

输出：

```
<graphviz.dot.Digraph object at 0x7ff540c56f50>
```

如果收到任何类型的**错误**（下面的错误很常见），则意味着 GraphViz 仍然存在一些**安装问题**。

输出：

```
ExecutableNotFound: failed to execute ['dot', '-Tsvg'], make sure the Graphviz executables
are on your systems' PATH
```

6. git

下面向您介绍版本控制及其主流的工具 git，这部分内容远远超出了本书的范围。如果您已经熟悉了，可以跳过这一部分。否则，我建议您应了解更多信息，这**肯定**会对您以后有所帮助。同时，我将向您展示最基本的内容，因此您可以使用 git 来**复制**包含本书中使用的所有代码的**资料库**，并获得**自己的本地副本**，以便根据需要进行修改和实验。

首先，您需要安装它。因此，请前往其下载页面（https://git-scm.com/downloads），并按照适配您操作系统的说明进行操作。安装完成后，请打开一个**新的终端**或 **Anaconda Prompt**（关闭之前的就可以了）。在**新终端**或 **Anaconda Prompt** 中，应该能够**运行 git 命令**。

要复制本书的资料库，只需要运行如下命令：

```
(pytorchbook) $ git clone https://github.com/dvgodoy/PyTorchStepByStep.git
```

上面的命令将创建一个 PyTorchStepByStep 文件夹，其中包含 GitHub 资料库中所有可用内容的本地副本。

Conda 安装与 pip 安装

尽管它们乍一看似乎相同，但在使用 Anaconda 及其虚拟环境时，您应该更**喜欢 Conda 安装**而不是 **pip 安装**。原因是 Conda 安装对活动虚拟环境敏感：该软件包将仅为该环境安装。如果您使用 pip 安装，而 pip 本身没有安装在活动环境中，那么它将退回到**全局** pip，您肯定**不希望**这样。

为什么不呢？还记得我在虚拟环境一节中提到的**依赖关系**问题吗？这就是原因。Conda 安装程序假设它处理其资料库中的所有软件包，并跟踪它们之间复杂的依赖关系网络（要了解更多信息，请查看[28]）。

要了解更多有关 Conda 和 pip 之间的差异信息，请阅读"Understanding Conda and Pip"[29]。

作为一条规则，首先尝试 Conda **安装**一个指定的软件包，只有当它不存在时，才退回到 pip 安装，正如对 TorchViz 所做的那样。

7. Jupyter

复制资料库后，导航到 PyTorchStepByStep 文件夹，**一旦进入该文件夹**，只需要在终端或 Anaconda Prompt 上**启动 Jupyter**，命令如下：

```
(pytorchbook) $ jupyter notebook
```

运行命令后，将打开您的浏览器，会看到 **Jupyter 的主页**，其中包含资源库的 Notebook 和代码（如图 00.4 所示）。

●图 00.4　**Jupyter** 的主页

继续

不管您选择了三种环境中的哪一种，现在已经准备好继续前进了，**一步步**开发自己的第一个 PyTorch 模型吧。

扩展阅读

文中提到的阅读资料(网址)请读者按照本书封底的说明方法自行下载。

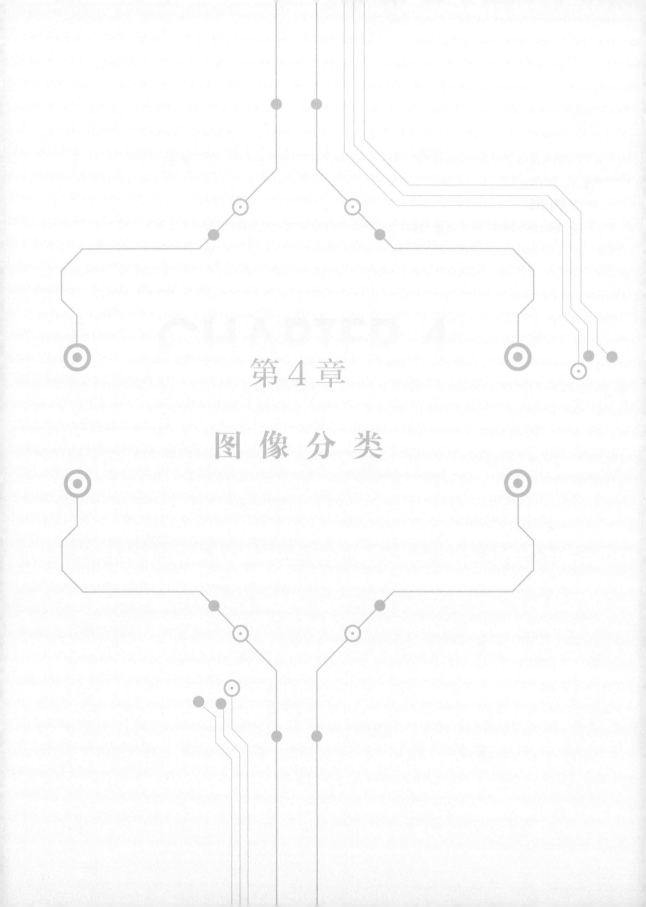

第 4 章

图 像 分 类

剧透

在本章，将：

- 构建模型用于对**图像进行分类**。
- 使用 Torchvision 对**图像进行转换**。
- **组合转换**并将其应用于数据集。
- 在训练集中执行**数据增强。**
- 使用**采样器**处理**不平衡的数据集**。
- 了解我们**为什么**需要**激活函数**。
- 使用激活函数构建**更深的模型**。

 Jupyter Notebook

与第 4 章[73]相对应的 Jupyter Notebook 是 GitHub 官方上**"Deep Learning with PyTorch Step-by-Step"** 资料库的一部分。您也可以直接在**谷歌 Colab**[74]中运行它。

如果您使用的是**本地安装**，请打开个人终端或 Anaconda Prompt，导航到从 GitHub 复制的 PyTorchStepByStep 文件夹。然后，**激活** pytorchbook 环境并运行 Jupyter Notebook。

```
$ conda activate pytorchbook

(pytorchbook) $ jupyter notebook
```

如果您使用 Jupyter 的默认设置，单击链接(http://localhost:8888/notebooks/Chapter04.ipynb) 应 该可以打开第 4 章的 Notebook。如果不行则只需单击 Jupyter 主页中的"Chapter04.ipynb"。

 导入

为了便于组织，在任何一章中使用的代码所需的库都在其开始时导入。在本章需要以下的 导入。

```
import random
import numpy as np
from PIL import Image

import torch
import torch.optim as optim
import torch.nn as nn
import torch.nn.functional as F

from torch.utils.data import DataLoader, Dataset, random_split, \
```

```
WeightedRandomSampler, SubsetRandomSampler
from torchvision.transforms import Compose, ToTensor, Normalize, \
ToPILImage, RandomHorizontalFlip, Resize

import matplotlib.pyplot as plt
plt.style.use('fivethirtyeight')
%matplotlib inline

from data_generation.image_classification import generate_dataset
from stepbystep.v0 import StepByStep
```

 图像分类

简单的数据点已经足够对**图像**进行分类了。虽然数据形式不同，但仍然是分类问题，所以下面会尝试预测**一幅图像属于哪个类**。

首先，生成一些可以使用的图像(所以不必使用 MNIST[75])。

▶ 数据生成

图像非常简单：它们有黑色背景，上面画有白线。这些线可以以**对角线**或**平行线**(与其中一个边缘平行，因此它们可以是水平的或垂直的)的方式绘制。所以，**分类问题**可以简单地表述为：**直线是对角线吗**？

如果这条线是**对角线**，那么假设它属于**正类**。如果**不是对角线**，则属于**负类**。我们得到了**标签**(y)，可以如下这样总结它们。

直线	值	类
不是对角线	0	负类
是对角线	1	正类

生成 300 幅随机图像，每幅图像的大小为 5×5 像素。

数据生成

```
images, labels = generate_dataset(img_size=5, n_images=300, binary=True, seed=13)
```

然后绘制前 30 幅图像(如图 4.1 所示)。

```
fig = plot_images(images, labels, n_plot=30)
```

由于图像非常小，因此在其上绘制线条的可能性并不大。对角线实际上有 18 种不同的配置(左边 9 种，右边 9 种)，水平线和垂直线有另外 10 种不同的配置(各 5 种)。在 300 幅图像数据集中共有 28 种可能性。所以会有很多重复(如图像 1 和图像 2，或图像 6 和图像 7 等)，但这没关系。

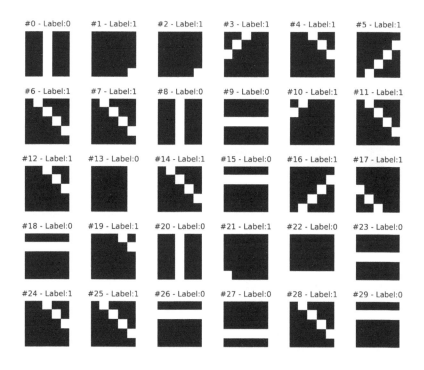

● 图 4.1　图像数据集

图像和通道

如果您不熟悉通道、像素值以及图像如何表示为张量的含义，下面则是对这些主题的**简要**概述。

为了说明图像是如何表示的，首先创建 3 幅**单独**的图像：

```
image_r = np.zeros((5, 5), dtype=np.uint8)
image_r[:, 0] = 255
image_r[:, 1] = 128

image_g = np.zeros((5, 5), dtype=np.uint8)
image_g[:, 1] = 128
image_g[:, 2] = 255
image_g[:, 3] = 128

image_b = np.zeros((5, 5), dtype=np.uint8)
image_b[:, 3] = 128
image_b[:, 4] = 255
```

这些图像中的每一幅都是 5×5 像素，并由一个 5×5 矩阵表示，这是**二维**表示，意味着是**单通道图像**。此外，它的 dtype 是 np.uint8，只接受**从 0~255 的值**。

看看下面的矩阵代表什么。

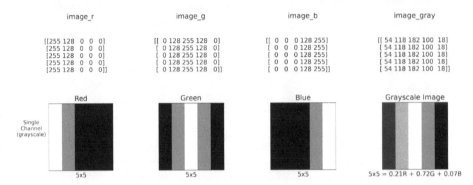

单独来看，它们是 3 幅带有垂直条纹的图像。但可以**假装**它们代表**不同的颜色：红色、绿色**和**蓝色**。这 3 种颜色是用于构建其他颜色的**基础颜色**。这就是 **RGB** 首字母缩略词的来源。

如果对这 3 种颜色进行**加权平均**，将得到**另一幅灰度**图像。这应该不足为奇，因为它仍然只**有一个通道**。

image_gray = .2126 * image_r + .7152 * image_g + .0722 * image_b

顺便说一下，这些权重不是任意的：它们被认为是最能保持图像的原始特征。如果您使用图像编辑器将彩色图像转换为灰度，这就是软件在后台所做的事情。

不过，灰度图像很**单调**。请给它们加一些**颜色**好吗？事实证明，只需要将代表 3 种颜色的 3 幅图像**叠加**起来，**每幅图像就成为一个通道**。

彩色图像具有 3 个通道，每种颜色一个通道：红色、绿色和蓝色，按顺序排列。

image_rgb = np.stack([image_r, image_g, image_b], axis=2)

看看这些相同的矩阵代表什么，要考虑它们是通道(不幸的是，视觉冲击在印刷版本中完全无法体现)。

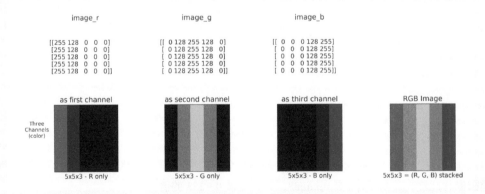

在继续分类问题之前，需要解决**形状问题**：不同的框架(和 Python 软件包)对图像的形状使用不同的约定。

NCHW 与 NHWC

"这些首字母缩略词代表什么？"

其实很简单：

- **N** 代表图像的数量(例如，在小批量中)。
- **C** 代表每幅图像中的通道(或**滤波器**)的数量。
- **H** 代表每幅图像的高度。
- **W** 代表每幅图像的宽度。

因此，首字母缩略词表示**小批量**的预期**形状**：

- **NCHW**：(图像数量、通道、高度、宽度)。
- **NHWC**：(图像数量、高度、宽度、通道)。

基本上，大家都认为**图像的数量是第一位的**，并且**高度和宽度是密不可分的二人组**。这一切都归结为**通道(或滤波器)**：对于每幅单独的图像，它可能是**第一个维度**(HW 之前)或**最后一个维度**(HW 之后)。

关于哪种格式更好、更快或其他什么，有无休止的争论。我们不在这里进行讨论。尽管如此，我们需要解决这种差异，因为每个软件包或框架使用的格式是不同的，所以它是**混淆**和**错误**的常见来源。

- PyTorch 使用 **NCHW**。
- TensorFlow 使用 **NHWC**。
- PIL 图像是 **HWC**。

很混乱，对吧？我也这么认为。但这只是一个密切关注哪种格式正在输入的问题，以及在操作后会出现哪种格式的问题。下面来研究一下吧。

使用数据集生成遵循 **PyTorch 格式**的图像，即 **NCHW**。那么数据集是什么**形状**的呢？

```
images.shape
```

输出：

```
(300, 1, 5, 5)
```

正如预期的那样，300 幅图像、单通道、5 像素宽、5 像素高。仔细看一幅图像，比如图 4.1 中的图像 7。

```
example = images[7]
example
```

输出：

```
array([[[ 0, 255, 0, 0, 0],
        [ 0, 0, 255, 0, 0],
```

```
      [ 0, 0, 0, 255, 0],
      [ 0, 0, 0, 0, 255],
      [ 0, 0, 0, 0, 0]]], dtype=uint8)
```

这相当简单，甚至可以"看到"数值等于 255 代表白色像素的对角线。

HWC(PIL 图像格式)中的图像会是什么样子的？可以使用 **Numpy** 的 transpose 将第一个维度**转置**为最后一个维度。

```
example_hwc = np.transpose(example, (1, 2, 0))
example_hwc.shape
```

输出：

```
(5, 5, 1)
```

形状是正确的：**HWC**。内容呢？

```
example_hwc
```

输出：

```
array([[[  0],
        [255],
        [  0],
        [  0],
        [  0]],
        ...
       [[  0],
        [  0],
        [  0],
        [  0],
        [  0]]], dtype=uint8)
```

随便您怎么想，但是这种 **HWC** 格式肯定**不**直观。

好消息是，PyTorch 单幅图像(**CHW**)的默认形状更好看。而且，如果您在某些时候需要 PIL 图像，PyTorch 提供了在这两种形状之间来回转换图像的方法。

是时候向您介绍……

Torchvision

Torchvision 是一个包含流行数据集、模型架构和常见的计算机视觉图像转换的软件包。

数据集

许多流行和常见的**数据集**都是开箱即用的，如 MNIST、ImageNet、CIFAR 等。所有这些数据集都继承自原始的 Dataset 类，因此它们可以自然地与 DataLoader 一起使用，就像通常所操作的那样。

我们应该更加关注一个特定的数据集：ImageFolder。这不是一个简单的数据集，而是可以与您自己的图像一起使用的**通用数据集**，前提是它们被正确地组织到子文件夹中，每个子文件夹以一个类命名并包含相应的图像。

 在第 6 章将使用"*石头*、*剪刀*、*布*"图像来建立一个使用 ImageFolder 的数据集，那时再来讨论这个问题。

 模型

PyTorch 还包括主流的**模型架构**，以及其**预训练的权重**，用于处理许多任务，如图像分类、语义分割、目标检测、实例分割、人体关键点检测和视频分类。

在众多模型中可以找到著名的 AlexNet、VGG（其有多种形式：VGG11、VGG13、VGG16 和 VGG19）、ResNet（其也有多种形式：ResNet18、ResNet34、ResNet50、ResNet101、ResNet152）和 Inception V3。

 在第 7 章，将加载一个预训练的模型并根据特定任务对其进行微调。换句话说，将使用迁移学习。

 转换

Torchvision 在其**转换**模块上有一些常见的图像转换。重要的是要意识到有两组主要的转换：

- 基于**图像**的转换（在 PIL 或 PyTorch 形状中）。
- 基于**张量**的转换。

显然，存在从张量 ToPILImage 和从 PIL 图像 ToTensor 的转换方式。

使用 ToTensor 将 Numpy 数组（PIL 形状）转换为 PyTorch 张量，可以创建一个"*张量器*"（暂时没想到更好的名称），并将示例图像（7 号）以 HWC 形状提供给它。

```
tensorizer = ToTensor()
example_tensor = tensorizer(example_hwc)
example_tensor.shape
```

输出：

```
torch.Size([1, 5, 5])
```

这样就得到了预期的 CHW 形状。因此，它的内容应该很容易与底层图像相关联。

```
example_tensor
```

输出：

```
tensor([[[0., 1., 0., 0., 0.],
         [0., 0., 1., 0., 0.],
         [0., 0., 0., 1., 0.],
         [0., 0., 0., 0., 1.],
         [0., 0., 0., 0., 0.]]])
```

确实如此：可以再次"看到"对角线。但是，这一次，它的值**不再等于 255，而是 1.0**。

> 如果输入的是一个 dtype 等于 uint8 的 Numpy 数组（如我们的示例中）或属于以下模式（L、LA、P、I、F、RGB、YCbCr、RGBA、CMYK、1），则 ToTensor 可以将数值**从〔0，255〕范围缩放到〔0.0，1.0〕范围**。要了解有关图像模式的更多信息，请查看文档〔76〕。

> "那么，如果从一开始就将 PIL 图像和 Numpy 数组转换为 PyTorch 张量，就都好了?"

是的，差不多就是这样。但并非总是如此，因为早期版本的 TorchVision 仅对 **PIL 图像**实施了**有趣的转换**。

> "您所说的**有趣的转换**是什么意思? 它们是做什么的?"

这些有趣的转换以许多不同的方式**修改训练图像**：旋转、移动、翻转、裁剪、模糊、放大、添加噪声、擦除部分……

> "我为什么要像那样修改自己的训练图像?"

这就是所谓的**数据增强**。在**不收集更多数据**的情况下**扩展数据集**（增强数据集）是一种巧妙的技术。一般来说，深度学习模型非常**需要数据**，配备大量示例才能表现良好。但收集大型数据集通常具有挑战性，有时甚至是不可能的。

> 输入数据增强：**旋转图像**并假装它是**全新的图像**。翻转图像并执行相同操作。有意思的是，在模型训练期间**随机进行**这些操作，这样就会看到模型的许多不同版本。

假设有一幅**狗的图像**。如果**旋转它**，它**仍然是一只狗**，但**角度不同**。不是从每个角度拍摄两张狗的照片，而是采用已经拥有的照片并使用数据增强来**模拟许多不同的角度**。与真实的情况不太一样，但足够接近，可以提高模型的性能。因此，数据增强并**不适合所有任务**：如果您尝试执行目标检测，即检测图像中**目标的位置**，您**不应该**做任何改变其位置的事情，如翻转或移动。不过，添加噪声仍然可以。

这只是对数据增强技术的简要概述，但您可以理解在训练集中包括这种转换的理由。

> 还有"测试时间增强"，它可用于在模型部署后提高模型的性能。不过，这是更高级的内容，已超出了本书的范围。

最重要的是，这些转换很重要。为了更容易地可视化生成的图像，可以使用 ToPILImage 将张量转换为 PIL 图像。

```
example_img = ToPILImage()(example_tensor)
print(type(example_img))
```

输出：

```
<class 'PIL.Image.Image'>
```

请注意，它是一个真实的 **PIL 图像**，不再是一个 Numpy 数组，所以可以使用 Matplotlib 来可视化它(如图 4.2 所示)。

```
plt.imshow(example_img, cmap='gray')
plt.grid(False)
```

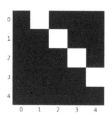

图 4.2　图像 7

> **ToPILImage** 可以采用 **PyTorch 形状(CHW)的张量**或 **PIL 形状(HWC)的 Numpy** 数组作为输入。

图像上的转换

这些转换包括您为了数据增强而想要对图像执行的典型操作：Resize、CenterCrop、GrayScale、RandomHorizontalFlip 和 RandomRotation，下面仅举几例。使用上面的示例图像并尝试一些**随机水平翻转**。但是，为了确保翻转它，此处抛弃随机性，从而让它 100% 的翻转。

```
flipper = RandomHorizontalFlip(p=1.0)
flipped_img = flipper(example_img)
```

图像现在应该是水平翻转的，如图 4.3 所示。

```
plt.imshow(flipped_img, cmap='gray')
plt.grid(False)
```

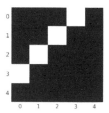

图 4.3　图像 7 的水平翻转

▶ 张量上的转换

只有**4 种**转换可将（非图像）张量作为输入：LinearTransformation、Normalize、RandomErasing（尽管我相信这个更适合其他的转换组）和 ConvertImageDtype。

首先，使用已经创建的 tensorizer 将翻转的图像转换为张量。

```
img_tensor = tensorizer(flipped_img)
img_tensor
```

输出：

```
tensor([[[0., 0., 0., 1., 0.],
         [0., 0., 1., 0., 0.],
         [0., 1., 0., 0., 0.],
         [1., 0., 0., 0., 0.],
         [0., 0., 0., 0., 0.]]])
```

归一化转换

现在可以应用最常见的转换之一：Normalize。在它的文档中，可以得到这个转换的简要描述。

> 用均值和标准差对张量图像进行归一化。给定 n 个通道的均值：$(mean[1], \cdots, mean[n])$ 和标准差：$(std[1], \cdots, std[n])$，此转换将对输入的 torch. * Tensor 的每个通道进行归一化，即输出[通道] = (输入[通道] − 均值[通道])/标准差[通道]

是不是很眼熟？还记得在前几章中使用 StandardScaler 来**标准化**的特性吗？这是基于张量的版本，在每幅图像的通道上独立运行。

"那为什么叫**归一化**呢?"

其实，这个过程有很多环节，包括首先减去均值，然后将结果除以标准差。在我看来，它应该被称为**标准化**，就像在 Scikit-Learn 中一样，因为标准化意味着别的东西（转换特征，使得每个数据点都有一个单位范数）。但是，在许多情况下，Torchvision 就是其中之一，标准化过程称为**归一化**（来自正态分布，而不是来自单位范数）。

无论它叫什么名称，标准化或归一化，此转换都会修改给定特征或特征集的取值范围。正如在第 0 章中所看到的，让特征处于良好的范围内，可以大大改善梯度下降的性能。此外，正如稍后将看到的，在训练神经网络时，最好使用具有对称的取值范围（如从 −1~1）的特征。

根据定义，**像素值只能是正数**，通常在[0,255]范围内。从**图像张量**中，看到它的值在 **[0,1]范围**内，并且只有**一个通道**。可以使用 normalize 转换，将其值映射到对称范围。

但是，与其首先**计算均值和标准差**（就像我们在前几章中所做的那样），不如将**均值设置为 0.5**，并将**标准差也设置为 0.5**。

"等一下……为什么?!"

通过这样做，将有效地执行**最小-最大缩放**（如 Scikit-Learn 的 MinMaxScaler），使得结果范围为 $[-1,1]$。如果计算原始范围 $[0,1]$ 的极值的结果则很容易看出原因。

$$输入 = 0 \Rightarrow \frac{0-均值}{标准差} = \frac{0-0.5}{0.5} = -1$$

$$输入 = 1 \Rightarrow \frac{1-均值}{标准差} = \frac{1-0.5}{0.5} = 1$$

归一化

开始的结果范围是 $[-1,1]$。实际上，可以将其设置为任何想要的值。如果选择 0.25 的标准差，将得到一个 $[-2,2]$ 范围。如果选择了一个不同于原始范围中点的均值，最终会得到一个不对称的范围。

现在，如果不厌其烦地**计算训练数据的实际真实均值和标准差**，就会实现真正的**标准化**，也就是说，训练数据将具有**零均值**和**单位标准差**。

现在，坚持使用懒惰的方法，并使用 Normalize 转换作为 $[-1,1]$ 范围的**最小-最大缩放器**：

```
normalizer = Normalize(mean=(.5,), std=(.5,))
normalized_tensor = normalizer(img_tensor)
normalized_tensor
```

输出：

```
tensor([[[-1., -1., -1., 1., -1.],
         [-1., -1., 1., -1., -1.],
         [-1., 1., -1., -1., -1.],
         [ 1., -1., -1., -1., -1.],
         [-1., -1., -1., -1., -1.]]])
```

请注意，转换需要**两个元组**作为参数：一个元组作为均值，另一个作为标准差。每个元组的值与图像中的**通道一样多**。由于是单通道图像，所以每个元组都各有一个元素。

很容易看出，这里实现了所需的数值范围：转换只是将 **0** 转换为负值，并保留原始 **1**。这个结果很好地说明了这个概念，但肯定不会出乎意料。

在第 6 章，将使用 Normalize 来**归一化真实（3 通道）图像**。

组合转换

没有人希望您一个接一个地运行这些转换，这就是 Compose 的作用：将**多个转换组合**成一个单一的、大的转换。另外，我想可以写一个更好的句子来解释它。

实际上，这很简单：只需将所有需要的转换排列在一个列表中。这与 Scikit-Learn 中的管道几乎相同，只需要确保给定转换的**输出**是**下一个转换**的**适当输入**即可。

使用以下转换列表组成一个新的转换。

- 首先，使用 RandomHorizontalFlip **翻转图像**。

- 接下来，使用 Normalize 执行一些**最小-最大缩放**。

在代码中，上面的顺序如下所示。

```
composer = Compose([RandomHorizontalFlip(p=1.0), Normalize(mean=(.5,), std=(.5,))])
```

如果使用上面的 composer 来转换示例**张量**，应该得到**与输出相同的归一化张量**。仔细检查一下。

```
composed_tensor = composer(example_tensor)
(composed_tensor == normalized_tensor).all()
```

输出：

```
tensor(True)
```

太好了！从现在开始，可以使用单一的、组合的转换啦！

请注意，没有使用原始**示例**，即已经采用 PyTorch 形状（CHW）的 Numpy 数组作为输入。为了理解这个原因，将它与用作实际输入的 example_tensor（PyTorch 张量，也是 CHW 形状）进行简要比较。

```
print(example)
print(example_tensor)
```

输出：

```
[[[  0 255   0   0   0]
  [  0   0 255   0   0]
  [  0   0   0 255   0]
  [  0   0   0   0 255]
  [  0   0   0   0   0]]]tensor([[[0., 1., 0., 0., 0.],
                          [0., 0., 1., 0., 0.],
                          [0., 0., 0., 1., 0.],
                          [0., 0., 0., 0., 1.],
                          [0., 0., 0., 0., 0.]]])
```

如您所见，它们之间的唯一区别是比例（255：1）和类型（整数和浮点数）。可以使用一行代码将前者转换为后者。

```
example_tensor = torch.as_tensor(example / 255).float()
```

此外，可以使用这行代码将整个 Numpy 数据集转换为张量，这样它们就成为组合转换的适当输入了。

数据准备

与前几章一样，数据准备的第一步是将特征和标签从 Numpy 数组转换为 PyTorch 张量。

```
1  #拆分之前从 Numpy 数组中构建张量
2  x_tensor = torch.as_tensor(images / 255).float()
3  y_tensor = torch.as_tensor(labels.reshape(-1, 1)).float()
```

唯一的区别是，对图像进行了缩放，以使它们进入预期的[0.0，1.0]范围。

▶ 数据集转换

接下来，使用这两个张量来构建一个 Dataset，而不用以前那样简单的 TensorDataset。再操作一次，将构建**自定义数据集**，它能够**处理转换**，其代码相对简单。

转换后的数据集

```
1  class TransformedTensorDataset(Dataset):
2      def __init__(self, x, y, transform=None):
3          self.x = x
4          self.y = y
5          self.transform = transform
6
7      def __getitem__(self, index):
8          x = self.x[index]
9
10         if self.transform:
11             x = self.transform(x)
12
13         return x, self.y[index]
14
15     def __len__(self):
16         return len(self.x)
```

它需要**3 个参数**：一个用于**特征**的张量(x)，另一个用于**标签**的张量(y)，以及一个**可选的转换**。然后将这些参数存储为类的**属性**。当然，如果没有给出转换，它的行为将类似于常规的 TensorDataset。

主要区别在于__getitem__方法：如果定义了转换，它会**转换特征**，而不是简单地返回与两个张量中给定索引对应的元素。

"**我是否必须**创建自定义数据集才能执行转换？"

不一定。您可能会使用 **ImageFolder 数据集**来处理真实图像，它可以**处理开箱即用的转换**。机制本质上是相同的：如果定义了转换，数据集会将其应用于图像。这里使用另一个自定义数据集的**目的是为了说明这种机制**。

所以，重新定义组合转换(它实际上是随机翻转图像，而不是每次都翻转)，并创建数据集。

```
composer = Compose([RandomHorizontalFlip(p=0.5), Normalize(mean=(.5,), std=(.5,))])
```

```
dataset = TransformedTensorDataset(x_tensor, y_tensor, composer)
```

不过仍然需要像往常一样**拆分**数据集，但这次会做一些不同的事情……

▶ SubsetRandomSampler

以前，在为训练集创建数据加载器时，习惯于将其参数 shuffle 设置为 True（因为在大多数情况下，对数据点进行**打乱**可以提高梯度下降的性能）。这是一种非常方便的数据打乱方式，它是在后台**使用 RandomSampler 实现**的。每次需要一个新的小批量时，它都会**随机抽取**一些索引，并返回与这些索引对应的数据点。

即使**不涉及打乱**，如在用于验证集的数据加载器中，也使用了 SequentialSampler。在这种情况下，每当需要一个新的小批量时，这个采样器都会**按顺序**简单地返回一系列**索引**，并返回与这些索引对应的数据点。

简而言之，**采样器**可以**返回**要用于数据加载的**索引序列**。在上面的两个示例中，每个采样器都将 Dataset 作为参数。但并不是所有的采样器都是这样的。

SubsetRandomSampler **从列表**中抽取索引，作为参数给出，不用替换。与其他采样器一样，这些索引将用于从数据集中加载数据。如果**索引不在列表中**，则**永远不会使用**相应的**数据点**。

因此，如果有**两个不相交的索引列表**（也就是说，它们之间没有交集，并且如果加在一起，它们会覆盖所有元素），可以创建**两个采样器**来有效地**拆分数据集**。将其用代码实现，以使其更清晰。

首先，需要生成**两个打乱的索引列表**：一个对应**训练集**中的点，另一个对应**验证集**中的点。我们已经使用 Numpy 完成了这项工作。这次通过组装**辅助函数 4**（恰当地命名为 index_splitter）来拆分索引，让它变得更有趣和有用。

辅助函数 4

```
1  def index_splitter(n, splits, seed=13):
2      idx = torch.arange(n)
3      #使拆分的参数成为张量
4      splits_tensor = torch.as_tensor(splits)
5      #找到正确的乘数，
6      #所以不必担心求和为 N（或 1）
7      multiplier = n / splits_tensor.sum()
8      splits_tensor = (multiplier * splits_tensor).long()
9      #如果有差异,则在第一个拆分处抛出异常
10     #以避免 random_split 抱怨
11     diff = n - splits_tensor.sum()
12     splits_tensor[0] += diff
13     #使用 PyTorch 的 random_split 拆分索引
14     torch.manual_seed(seed)
15     return random_split(idx, splits_tensor)
```

上面的函数接受 3 个参数。

- n：要为其生成索引的**数据点数**。
- splits：表示分割大小的**相对权重**的值列表。
- seed：确保可**重复性**的随机种子。

PyTorch 的 random_split 需要一个列表，其中包含每个拆分中数据点的*确切*数量，这总是让我有

点烦恼。我希望可以给它一些**比例**，如[80, 20]或[0.8, 0.2]，甚至[4, 1]，然后它会自己**计算**出每个拆分中**有多少点**。这就是 index_splitter 存在的主要原因：可以给它相对权重，它会计算出点数。

当然，它仍然调用 random_split 来拆分包含索引列表的张量（在前面的章节中，使用它来拆分 Dataset 对象）。生成的拆分对象是 Subset。

```
train_idx, val_idx = index_splitter(len(x_tensor),[80, 20])
train_idx
```

输出：

```
<torch.utils.data.dataset.Subset at 0x7fc6e7944290>
```

每个子集都包含相应的 indices 作为属性。

```
train_idx.indices
```

输出：

```
[118,
 170,
 ...
 10,
 161]
```

接下来，每个 Subset 对象都用作相应采样器的参数。

```
train_sampler = SubsetRandomSampler(train_idx)
val_sampler = SubsetRandomSampler(val_idx)
```

因此，可以使用**单个数据集**来加载数据，因为拆分由采样器控制。但是仍然需要**两个数据加载器**，每个都使用对应的采样器。

```
#构建每个集合的加载器
train_loader = DataLoader(dataset=dataset, batch_size=16, sampler=train_sampler)
val_loader = DataLoader(dataset=dataset, batch_size=16, sampler=val_sampler)
```

 如果您使用的是**采样器**，则不能设置 shuffle＝True。

还可以检查加载器是否返回了正确数量的小批量。

```
len(iter(train_loader)), len(iter(val_loader))
```

输出：

```
(15, 4)
```

训练加载器中有 15 个小批量(15 个小批量 × 16 个批量大小 ＝ 240 个数据点)，验证加载器中有 4 个小批量(4 个小批量 × 16 个批量大小 ＝ 64 个数据点)。在验证集中，最后一个小批量将只有 12 个点，因为总共包含 60 个点。

这意味着不再需要两个(拆分的)数据集，只需要两个采样器。对吗？应用时要根据实际情况来定夺。

 数据增强转换

此时，我没有改变讲解的主题，**可能仍然需要两个拆分数据集**的原因是：**数据增强**。一般来说，**只将数据增强应用于训练数据**(是的，也有测试数据增强，但那是另一回事)。但是数据增强是使用**组合转换**完成的，它将**应用于数据集中的所有点**。大家看到问题了吗？

如果需要增强**一些数据点**，而不需要**增强**其他数据点，实现此目的的**最简单的方法**是创建**两个合成器**，并在**两个不同的数据集**中使用它们。不过，仍然可以使用索引。

```
#使用索引执行拆分
x_train_tensor = x_tensor[train_idx]
y_train_tensor = y_tensor[train_idx]
x_val_tensor = x_tensor[val_idx]
y_val_tensor = y_tensor[val_idx]
```

然后，出现了两个合成器：train_composer 对数据进行增强，然后对其进行缩放(最小-最大)；val_composer 仅缩放数据(最小-最大)。

```
train_composer = Compose([RandomHorizontalFlip(p=.5),
                          Normalize(mean=(.5,), std=(.5,))])
val_composer = Compose([Normalize(mean=(.5,), std=(.5,))])
```

接下来，使用它们创建两个数据集及其对应的数据加载器。

```
train_dataset = TransformedTensorDataset(
    x_train_tensor, y_train_tensor, transform=train_composer
)
val_dataset = TransformedTensorDataset(
    x_val_tensor, y_val_tensor, transform=val_composer
)

# Builds a loader of each set
train_loader = DataLoader(dataset=train_dataset, batch_size=16, shuffle=True)
val_loader = DataLoader(dataset=val_dataset, batch_size=16)
```

而且，由于不再使用采样器来执行拆分，所以可以(并且应该)将 shuffle 设置为 True。

> 如果您**不执行数据增强**，可能会继续**使用采样器**和**单个数据集**。

对采样器的使用读者也许会觉得功能不够强大？其实，我把最实用的采样器留到了下面来介绍。

WeightedRandomSampler

在第 3 章学习二元交叉熵损失时已经讨论过**不平衡数据集**。调整了**正类中点的损失权重**以补偿不平衡。不过，这并不是人们所期望的**加权平均值**。现在，可以使用不同的方法来解决**不平衡**问题：**加权采样器**。

推理几乎相同，但是使用**权重进行采样**，而不是加权损失：**数据点较少**的类(少数类)应该获得**更大的权重**，而**数据点较多**的类(多数类)应该获得**较小的权重**。这样，平均而言，最终会得到每个类中包含大致相同数量数据点的小批量：一个**平衡的数据集**。

 "权重是如何计算的？"

首先，需要找出数据集的**不平衡程度**，即每个标签有多少个数据点。可以在训练集标签(y_train_tensor)上使用 PyTorch 的 unique 方法，令 return_counts 等于 True，以获取**现有标签**的列表和相应的**数据点数量**。

```
classes, counts = y_train_tensor.unique(return_counts=True)
print(classes, counts)
```

输出：

```
tensor([0., 1.]) tensor([ 80, 160])
```

我们的分类是**二元分类**，因此有 0(**非对角线**)和 1(**对角线**)**两个类别**也就不足为奇了。非对角线的图像有 80 幅，对角线的图像有 160 幅。显然，这是一个不平衡的数据集。

接下来，使用这些计数通过使其**反转来计算权重**。

```
weights = 1.0 / counts.float()
weights
```

输出：

```
tensor([0.0125, 0.0063])
```

第一个权重(0.0125)对应负类(非对角线)。由于这个类在训练集 240 幅图像中只有 80 幅，所以它是**少数类**。另一个权重(0.0063)对应正类(对角线)，它具有剩余的 160 幅图像，因此使其成为**多数类**。

 少数类应该具有**最大的权重**，因此属于它的每个数据点都会被**过度表示**，以补偿不平衡。

 "可是这些权重加起来不等于 1，这不是错的吗？"

通常，权重总和为 1，但这**不**是 PyTorch 的加权采样器所**要求**的。可以摆脱与**计数成反比的权重**。从这个意义上说，采样器是非常"宽容"的。同时，它也并非没有自己的特殊性。

仅提供与训练集中每个不同类别对应的权重序列是不够的。它**需要**一个序列，其中**包含**训练集中**每个数据点的相应权重**。尽管这有点烦琐，但实现起来并不难：可以使用标签作为上面计算权重的索引。在代码中可能更容易看到它。

```
sample_weights = weights[y_train_tensor.squeeze().long()]

print(sample_weights.shape)
print(sample_weights[:10])
print(y_train_tensor[:10].squeeze())
```

输出：

```
torch.Size([240])
tensor([0.0063, 0.0063, 0.0063, 0.0063, 0.0063, 0.0125, 0.0063, 0.0063, 0.0063, 0.0063])
tensor([1., 1., 1., 1., 1., 0., 1., 1., 1., 1.])
```

由于训练集中有 240 幅图像，需要 240 个权重。将标签(y_train_tensor)压缩到一个维度，并将它们转换为 long 类型，因为想将它们用作索引。上面的代码显示了前 10 个元素，因此您实际上可以在生成的张量中看到类和权重之间的对应关系。

权重序列是用于创建 WeightedRandomSampler 的主要参数，但不是唯一的。看看它的参数：

- weights：一个权重序列，就像我们刚刚计算的那样。
- num_samples：将从数据集中抽取多少个样本。
  - 一个典型的值是权重序列的**长度**，因为您可能从整个训练集中进行采样。
- replacement：如果为 True(默认值)，则使用替换采样。
  - 如果 num_samples 等于数据集长度，即如果使用整个训练集，则有必要通过替换来采样，以有效补偿不平衡。
  - 仅当 **num_samples < 数据集长度**时，将其设置为 False 才有意义。
- generator：可选，它需要一个(伪)随机数**生成器**，用于采样。
  - 为了确保可重复性，我们**需要**创建一个**生成器**(它有自己的种子)并将其分配给采样器，因为我们已经设置的**手动种子是不够的**。

下面，从整个训练集中进行采样，并准备好权重序列。不过，仍然缺少生成器。现在创建生成器和采样器。

```
generator = torch.Generator()

sampler = WeightedRandomSampler(
    weights=sample_weights,
    num_samples=len(sample_weights),
    generator=generator,
    replacement=True
)
```

"您不是说需要为生成器设置一个种子吗?! 它在哪里?"

确实，我说过。在将采样器分配给数据加载器**之后**，将很快设置它。您很快就会明白这个选择背后的原因，请继续耐心往下阅读。下面使用带有训练集的加权采样器(重新)创建数据加载器。

```
train_loader = DataLoader(dataset=train_dataset, batch_size=16, sampler=sampler)
val_loader = DataLoader(dataset=val_dataset, batch_size=16)
```

再一次，如果使用采样器，不能使用 shuffle 参数。

这里有很多**模板代码**，对吧？构建另一个函数——**辅助函数 5**，把它包裹起来。

辅助函数 5

```
1  def make_balanced_sampler(y):
2      #计算补偿不平衡类的权重
3      classes, counts = y.unique(return_counts=True)
4      weights = 1.0 / counts.float()
5      sample_weights = weights[y.squeeze().long()]
6      #使用计算权重来构建采样器
7      generator = torch.Generator()
8      sampler = WeightedRandomSampler(
9          weights=sample_weights,
10         num_samples=len(sample_weights),
11         generator=generator,
12         replacement=True
13     )
14     return sampler
```

```
sampler = make_balanced_sampler(y_train_tensor)
```

现在清晰多了！它唯一的参数是包含**标签**的张量：该函数将计算权重并自行构建相应的加权采样器。

 种子和更多(种子)

为分配给**数据加载器**的采样器中使用的**生成器**设置**种子**。这是一个很长的对象序列，但可以通过它来检索生成器并调用它的 manual_seed 方法。

```
train_loader.sampler.generator.manual_seed(42)
random.seed(42)
```

现在可以检查采样器是否正确地完成了它的工作。完整地运行一次采样(15 个小批量中的 240 个数据点，每个批量有 16 个点)，然后对标签进行汇总，这样就知道**有多少点在正类中**了。

```
torch.tensor([t[1].sum() for t in iter(train_loader)]).sum()
```

输出：

```
tensor(123.)
```

当前已经足够接近了。现在，有 160 幅正类图像，由于加权采样器，只对其中的 123 幅进行了采样。这意味着将负类(有 80 幅图像)过采样到 117 幅图像了，加起来正好是 240 幅图像。任务完成，数据集现在是**平衡**的了。

"等一下！为什么上面的代码中有**一个额外的种子**? 难道没有足够的种子吗?"

我同意这种说法，**确实需要多余的种子**。除了生成器的一个特定种子之外，我们还必须为 Python 的 random 模块**设置另一个种子**。

说实话，当我发现这一点时，也感到很惊讶！听起来很奇怪，在 Torchvision 0.8 之前的版本中，**仍然有一些代码依赖于 Python 的本机随机模块**，而不是 PyTorch 的随机生成器。当使用一些用于数据增强的**随机转换**（如 RandomRotation、RandomAffine 等）时，就会出现问题。

安全总比出问题好，所以最好再**设置一个种子来确保代码的可重复性**。

这**正是**我们要做的。还记得在第 3 章中实现的 set_seed 方法吗？**更新**它，以包含**更多的种子**。

StepByStep 方法

```
def set_seed(self, seed=42):
    torch.backends.cudnn.deterministic = True
    torch.backends.cudnn.benchmark = False
    torch.manual_seed(seed)
    np.random.seed(seed)
    random.seed(seed)
    try:
        self.train_loader.sampler.generator.manual_seed(seed)
    except AttributeError:
        pass

setattr(StepByStep, 'set_seed', set_seed)
```

4 个种子和计数。更新的方法**尝试更新**分配给训练集数据加载器的采样器所使用的生成器的种子。但是，如果没有生成器（毕竟参数是可选的），它会默默地运行失败。

 小结

关于数据准备步骤，已经讲解了**很多**知识。小结一下，以便更好地了解它的全貌。

首先，构建了一个**自定义数据集**来处理**张量的转换**，以及两个辅助函数来处理用于**拆分索引**和构建**加权随机采样器**的模板代码。

然后，执行**不同的处理步骤**作为**数据准备**。

- 将**像素值的比例**从[0, 255]修改为[0, 1]。
- 将索引和张量**拆分**为训练集和验证集。
- 构建**组合转换**，包括训练集中的数据增强。
- 使用自定义数据集对**张量进行转换**。
- 创建**加权随机采样器**来处理**类别的不平衡**。
- 创建**数据加载器**，将**采样器**与训练集一起使用。

数据准备

```
1  #拆分之前从 Numpy 数组中构建张量
2  #将像素值的比例从[0,255]调整为[0,1]
```

```
3   x_tensor = torch.as_tensor(images / 255).float()
4   y_tensor = torch.as_tensor(labels.reshape(-1, 1)).float()
5
6   #使用 index_splitter 为训练集和验证集生成索引
7   train_idx, val_idx = index_splitter(len(x_tensor), [80, 20])
8
9   #使用索引执行拆分
10  x_train_tensor = x_tensor[train_idx]
11  y_train_tensor = y_tensor[train_idx]
12  x_val_tensor = x_tensor[val_idx]
13  y_val_tensor = y_tensor[val_idx]
14
15  #由于训练集的数据增加而构建不同的合成器
16  train_composer = Compose([RandomHorizontalFlip(p=.5),
17                            Normalize(mean=(.5,), std=(.5,))])
18  val_composer = Compose([Normalize(mean=(.5,), std=(.5,))])
19  #使用自定义数据集将组合转换应用于每个集合
20  train_dataset = TransformedTensorDataset(x_train_tensor, y_train_tensor,
21                                transform=train_composer)
22  val_dataset = TransformedTensorDataset(x_val_tensor, y_val_tensor,
23                                transform=val_composer)
24
25  #构建加权随机采样器来处理不平衡类
26  sampler = make_balanced_sampler(y_train_tensor)
27
28  #在训练集中使用采样器来获得平衡的数据加载器
29  train_loader = DataLoader(dataset=train_dataset, batch_size=16, sampler=sampler)
30  val_loader = DataLoader(dataset=val_dataset, batch_size=16)
```

现在，几乎完成了数据准备部分。最后还有一件事要讨论……

作为特征的像素

到目前为止，我们一直将数据处理为 PIL 图像或形状为(1，5，5)的三维张量(CHW)。通过使用展平(Flatten)层将像素**展平**，也可以将**每个像素和通道视为一个单独的特征**。从训练集中取一个小批量图像来说明它是如何工作的。

```
dummy_xs, dummy_ys = next(iter(train_loader))
dummy_xs.shape
```

输出：

```
torch.Size([16, 1, 5, 5])
```

虚拟小批量有 16 幅图像，每幅图像都有一个通道，尺寸为 5×5 像素。如果展平这个小批量会怎样？

```
flattener = nn.Flatten()
dummy_xs_flat = flattener(dummy_xs)
```

```
print(dummy_xs_flat.shape)
print(dummy_xs_flat[0])
```

输出：

```
torch.Size([16, 25])
tensor([-1., -1., -1., -1., -1., -1., -1., -1., -1., -1., 1., -1., -1., -1., -1., -1., 1.,
    -1., -1., -1., -1.,
        -1., 1., -1., -1.])
```

默认情况下，它保留第一个维度，以便**保留**小批量中**数据点的数量**，但它会折叠剩余的维度。如果查看展平后小批量的第一个元素，会发现其中包含 25(1×5×5) 个元素的长张量。如果图像有 3 个通道，那么张量的长度将是 75(3×5×5) 个元素。

"当**展平像素**时，不会**丢失信息**吗？"

当然会！这就是将在下一章中介绍的**卷积神经网络（CNN）**如此成功的原因：CNN **不会**丢失这些信息。但是，就目前而言，用真正的老式风格来展平像素。在了解更高级的 CNN 之前，说明几个相关概念会有利于读者更好地学透这些知识。

现在，假设数据集是展平的，我问您：

"这与在前几章中使用的数据集有何不同？"

以前，数据点是张量，里面有一、两个元素，也就是一、两个特征。现在，数据点是其中包含 25 个元素的张量，每个元素对应原始图像中的一个像素/通道，就好像它们是 25 个"特征"一样。

而且，由于除了特征的数量之外，并没有什么不同，可以从已经知道的定义模型来处理二元分类任务开始。

浅层模型

其实，这是一个**逻辑斯蒂回归**：

$$P(y=1) = \sigma(z) = \sigma(w_0 x_0 + w_1 x_1 + \cdots + w_{24} x_{24})$$

式 4.1　逻辑斯蒂回归

给定 **25 个特征**，$x_0 \sim x_{24}$，每个特征对应一个给定**通道**中的**像素值**，该模型将拟合**线性回归**，使其输出为 $\mathrm{logit}(z)$，使用 **Sigmoid 函数**将其转换为**概率**。

"哦，**那么**……**深度**模型在哪里？"

别担心，这部分被命名为浅层模型是有原因的……在下一部分，将构建一个包含隐藏层的**更深**的模型——终于开始进入正题了！

该模型看起来如何？可视化总是有助于我们理解的，如图 4.4 所示。

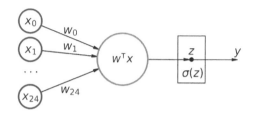

Input Layer   Output Layer   Sigmoid

图 4.4   另一个逻辑斯蒂回归

"等等，**偏差**在哪里？"

很高兴您注意到了。我是**故意把它去掉的**！我想说明像这样的**浅层**模型和**更深**的模型之间的**区别**，如果抛弃偏差，问题解决起来会容易得多。此外，我还想回忆一下模型的相应**符号**，因为我打算用下面的符号来说明这一点。

▶ 符号

权重(W)和**特征**(X)的向量表示为：

$$W = \begin{bmatrix} w_0 \\ w_1 \\ \vdots \\ w_{24} \end{bmatrix} ; X = \begin{bmatrix} x_0 \\ x_1 \\ \vdots \\ x_{24} \end{bmatrix}$$
$$(25 \times 1) \qquad (25 \times 1)$$

图 4.4 所示的 logit(z)由以下表达式给出：

$$z = W^{\mathrm{T}} \cdot X = \begin{bmatrix} - & w^{\mathrm{T}} & - \end{bmatrix} \cdot \begin{bmatrix} x_0 \\ x_1 \\ \vdots \\ x_{24} \end{bmatrix} = \begin{bmatrix} w_0 & w_1 & \cdots & w_{24} \end{bmatrix} \cdot \begin{bmatrix} x_0 \\ x_1 \\ \vdots \\ x_{24} \end{bmatrix}$$
$$(1 \times 25) \qquad (25 \times 1) \qquad (1 \times 25) \qquad (25 \times 1)$$

$$= w_0 x_0 + w_1 x_1 + \cdots + w_{24} x_{24}$$

▶ 模型配置

像往常一样，只需要定义一个**模型**、一个合适的**损失函数**和一个**优化器**。由于现在有 **5×5 的单通道图像**作为输入，所以需要先将它们**展平**，这样其才能成为**线性层**的正确输入（**没有偏差**）。现在将继续使用学习率为 0.1 的 SGD 优化器。

这是分类问题的模型配置。

模型配置

```
1   #设置学习率
2   lr = 0.1
3
4   torch.manual_seed(17)
5   #现在可以创建一个模型
6   model_logistic = nn.Sequential()
7   model_logistic.add_module('flatten', nn.Flatten())
8   model_logistic.add_module('output', nn.Linear(25, 1, bias=False))
9   model_logistic.add_module('sigmoid', nn.Sigmoid())
10
11  #定义 SGD 优化器来更新参数
12  optimizer_logistic = optim.SGD(model_logistic.parameters(), lr=lr)
13
14  #定义二元交叉熵损失函数
15  binary_loss_fn = nn.BCELoss()
```

▶ 模型训练

使用 StepByStep 类训练模型 100 个周期，并可视化损失，如图 4.5 所示。

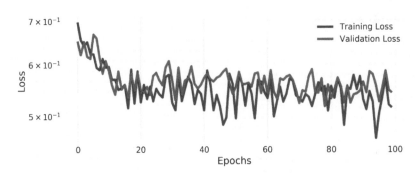

● 图 4.5 逻辑斯蒂回归模型的损失

模型训练

```
1   n_epochs = 100
2
```

```
3  sbs_logistic = StepByStep(model_logistic, binary_loss_fn, optimizer_logistic)
4  sbs_logistic.set_loaders(train_loader, val_loader)
5  sbs_logistic.train(n_epochs)

fig = sbs_logistic.plot_losses()
```

感觉没太大变化，对吧？看来模型几乎没有学到任何东西，也许**更深层**的模型可以做得更好。

 深层模型

在模型中添加**两个隐藏层**，而不是一个，让它变得**更深**。仍然从一个展平层开始，模型的最后一部分仍然是一个 Sigmoid，但是在已经存在的输出层之前**有两个额外的线性层**。

将其可视化，如图 4.6 所示。

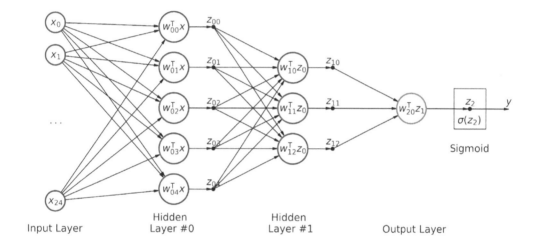

● 图 4.6　深层模型

顺便说一下，在图 4.6 中，w 和 z 的下标都表示层和单元的从零开始的索引：例如，在输出层中，w_{20} 表示对应第三层（2）的第一个单元（0）的权重。

这里发生了什么？计算**前向传递**，即**从输入**（x）**到输出**（y）的路径：

1）图像被**展平**为一个有 **25 个特征**的张量，从 x_0 到 x_{24}（上图中没有画出来）。

2）将这 **25 个特征**传递给**隐藏层 0 中的 5 个单元**中的每一个。

3）隐藏层 0 中的每个单元使用其**权重**，从 w_{00} 到 w_{04}，以及来自输入层的**特征**来计算其对应的**输出**，从 z_{00} 到 z_{04}。

4）**隐藏层 0 的输出**被**传递**到**隐藏层 1** 中的 **3 个单元**中的每一个（在某种程度上，隐藏层 0 的输出就像它们是隐藏层 1 的特征一样）。

5）隐藏层 1 中的每个单元使用其**权重**，从 w_{10} 到 w_{12}，以及来自前一个隐藏层的 z_0 值来计算其对应的**输出**，从z_{10}到z_{12}。

6) **隐藏层 1 的输出**被**传递**到**输出层中的单个单元**(同样，隐藏层 1 的输出就像它们是输出层的特征一样工作)。

7) 输出层中的单元使用其**权重**(w_{20})和来自前一个隐藏层的z_1值来计算其对应的**输出**(z_2)。

8) z_2是一个 **logit**，使用 **Sigmoid 函数**转换成**概率**。

这里有几点需要强调：

- 隐藏层中的**所有单元**，以及输出层中的单元，接收一组输入(x 或 z)并执行相同的操作($w^\mathrm{T}x$ 或$w^\mathrm{T}z$，当然每个单元都使用自己的权重)，产生**输出**(z)。
- 在隐藏层中，这些操作与我们目前使用的逻辑斯蒂回归模型**完全**一样，直到逻辑斯蒂回归产生 **logit**。
- 将**一层的输出**视为**下一层的特征**是完全可以的；实际上，这是将在第 7 章看到的**迁移学习**技术的核心。
- 对于二元分类问题，**输出层**是**逻辑斯蒂回归**，其中"特征"是前一个隐藏层产生的输出。

其实也没那么复杂，对吧？它实际上似乎是逻辑斯蒂回归的自然延伸。下面看看它在实践中的表现。

▶ 模型配置

我们可以轻松地将上面描述的模型转换为代码。

模型配置

```
1   #设置学习率
2   lr = 0.1
3
4   torch.manual_seed(17)
5   #现在可以创建一个模型
6   model_nn = nn.Sequential()
7   model_nn.add_module('flatten', nn.Flatten())
8   model_nn.add_module('hidden0', nn.Linear(25, 5, bias=False))
9   model_nn.add_module('hidden1', nn.Linear(5, 3, bias=False))
10  model_nn.add_module('output', nn.Linear(3, 1, bias=False))
11  model_nn.add_module('sigmoid', nn.Sigmoid())
12
13  #定义 SGD 优化器来更新参数
14  optimizer_nn = optim.SGD(model_nn.parameters(), lr=lr)
15
16  #定义二元交叉熵损失函数
17  binary_loss_fn = nn.BCELoss()
```

我将模型的名称与图中的标题保持一致，因为这样更容易理解。其余的代码您应该已经很熟悉了。

▶ 模型训练

使用 StepByStep 类训练新的深层模型 100 个周期，并可视化损失，如图 4.7 所示。

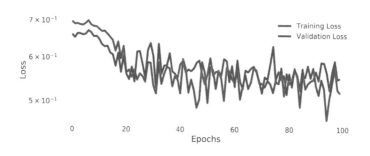

● 图 4.7　深层模型的损失

模型训练

```
1  n_epochs = 100
2
3  sbs_nn = StepByStep(model_nn, binary_loss_fn, optimizer_nn)
4  sbs_nn.set_loaders(train_loader, val_loader)
5  sbs_nn.train(n_epochs)

fig = sbs_nn.plot_losses()
```

这看起来一点也**没改善**！它似乎**比逻辑斯蒂回归的效果更差**。或许是吧？将它们都绘制在同一张图上（如图4.8所示），以便更轻松地比较它们。

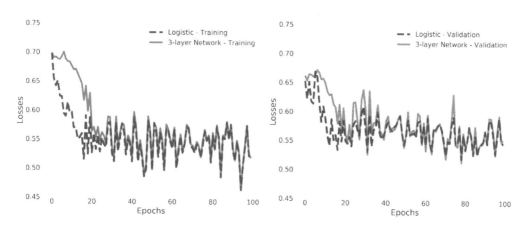

● 图 4.8　比较浅层和深层模型的损失

"怎么可能？它们……是**一样**的？"

显然，深层模型既没有更好也没有更差，而是**令人难以置信的相似**。这肯定**有问题**，毕竟，一个更深层的模型如果不是更好，至少也**应该**和普通的逻辑斯蒂回归有区别。

"缺失了什么？"

缺失了**激活函数**。

激活函数是一个**非线性函数**，它对**隐藏层的输出进行转换**，类似于 **Sigmoid 函数**对输出层的 **logit 进行转换**。实际上，**Sigmoid 是许多激活函数中的一个**。还有其他一些，如双曲正切(**TanH**)和整流线性单元(**ReLU**)。

在隐藏层中**没有激活函数**的更深层模型并**不比线性或逻辑斯蒂回归更好**。这就是我想用训练的两个模型(即浅层和深层模型)来说明的问题。这也是为什么我把两个模型中的**偏差也去掉了**：它使比较结果更直接。

▶ 给我看看数学

本小节是**可选学习的**。如果您想了解使用矩阵乘法，**为什么**深层模型**等效**于逻辑斯蒂回归，请查看式 4.2 的等式序列。

$$
\text{Hidden \#0} \qquad \begin{bmatrix} z_{00} \\ z_{01} \\ z_{02} \\ z_{03} \\ z_{04} \end{bmatrix}_{(5\times1)} = \begin{bmatrix} - & w_{00}^{\mathrm{T}} & - \\ - & w_{01}^{\mathrm{T}} & - \\ - & w_{02}^{\mathrm{T}} & - \\ - & w_{03}^{\mathrm{T}} & - \\ - & w_{04}^{\mathrm{T}} & - \end{bmatrix}_{(5\times25)} \cdot \begin{bmatrix} x_0 \\ \vdots \\ x_{11} \\ \vdots \\ x_{24} \end{bmatrix}_{(25\times1)}
$$

$$
\text{Hidden \#1} \qquad \begin{bmatrix} z_{10} \\ z_{11} \\ z_{12} \end{bmatrix}_{(3\times1)} = \begin{bmatrix} - & w_{10}^{\mathrm{T}} & - \\ - & w_{11}^{\mathrm{T}} & - \\ - & w_{12}^{\mathrm{T}} & - \end{bmatrix}_{(3\times5)} \cdot \begin{bmatrix} z_{00} \\ z_{01} \\ z_{02} \\ z_{03} \\ z_{04} \end{bmatrix}_{(5\times1)}
$$

$$
\text{Output} \qquad \begin{bmatrix} z_2 \end{bmatrix}_{(1\times1)} = \begin{bmatrix} - & w_{20}^{\mathrm{T}} & - \end{bmatrix}_{(1\times3)} \cdot \begin{bmatrix} z_{10} \\ z_{11} \\ z_{12} \end{bmatrix}_{(3\times1)}
$$

$$
\text{substituting } z's... \quad \begin{bmatrix} z_2 \end{bmatrix}_{(1\times1)} = \underbrace{\begin{bmatrix} - & w_{20}^{\mathrm{T}} & - \end{bmatrix}_{(1\times3)}}_{\text{Output Layer}} \cdot \underbrace{\begin{bmatrix} - & w_{10}^{\mathrm{T}} & - \\ - & w_{11}^{\mathrm{T}} & - \\ - & w_{12}^{\mathrm{T}} & - \end{bmatrix}_{(3\times5)}}_{\text{Hidden Layer\#1}} \cdot \underbrace{\begin{bmatrix} - & w_{00}^{\mathrm{T}} & - \\ - & w_{01}^{\mathrm{T}} & - \\ - & w_{02}^{\mathrm{T}} & - \\ - & w_{03}^{\mathrm{T}} & - \\ - & w_{04}^{\mathrm{T}} & - \end{bmatrix}_{(5\times25)}}_{\text{Hidden Layer\#0}} \begin{bmatrix} x_0 \\ \vdots \\ x_{11} \\ \vdots \\ x_{24} \end{bmatrix}_{(25\times1)}
$$

$$
\text{multiplying...} \qquad = \underbrace{\begin{bmatrix} - & w^{\mathrm{T}} & - \end{bmatrix}_{(1\times25)}}_{\text{Matrices Multiplied}} \cdot \begin{bmatrix} x_0 \\ \vdots \\ x_{11} \\ \vdots \\ x_{24} \end{bmatrix}_{(25\times1)}
$$

式 4.2　深层和浅层模型的等效性

深层模型在式 4.2 中**线的上方**，**每一行**对应一**层**。数据**从右到左流动**（因为这是乘以矩阵序列的方式），**从右侧的 25 个特征**开始，到**左侧**的单个 **logit 输出**结束。单独查看每一层（行），还应该清楚给定层的输出（每一行最左边的向量）是下一层的输入，就像特征是第一层的输入一样。

式 4.2 中**线的下方的第一行**显示了矩阵的序列。**底下一行**显示了**矩阵乘法的结果**。这个结果与浅层模型的"符号"小节中显示的操作完全**相同**，即逻辑斯蒂回归。

简而言之，一个有**任何数量隐藏层**的模型都有一个**没有隐藏层**的**等效**模型。当然，在这里不包括偏差，因为它会使说明这一点变得更加困难。

▶ 给我看看代码

如果等式不是您最喜欢看待这个问题的方式的话，那么尝试使用一些代码。首先，需要获取深层模型中各层的**权重**。可以使用每层的 weight 属性，而不会忘记将其从计算图中 detach( )，因此可以在其他操作上自由地使用它们。

```
w_nn_hidden0 = model_nn.hidden0.weight.detach()
w_nn_hidden1 = model_nn.hidden1.weight.detach()
w_nn_output = model_nn.output.weight.detach()

w_nn_hidden0.shape, w_nn_hidden1.shape, w_nn_output.shape
```

输出：

```
(torch.Size([5, 25]), torch.Size([3, 5]), torch.Size([1, 3]))
```

形状应该与模型的定义和线上方等式中的权重矩阵相匹配。

可以计算**最下面一行**，即使用矩阵乘法的**等效模型**（发生的顺序是从右到左，如等式中所示）。

```
w_nn_equiv = w_nn_output @w_nn_hidden1 @w_nn_hidden0
w_nn_equiv.shape
```

输出：

```
torch.Size([1, 25])
```

 "上面表达式中的@在做什么？"

它正在执行矩阵乘法，就像 torch.mm 一样。上面的表达式可以这样写。

```
w_nn_equiv = w_nn_output.mm(w_nn_hidden1.mm(w_nn_hidden0))
```

在我看来，使用@进行矩阵乘法运算的序列看起来更清晰。

接下来，需要将它们与浅层模型的权重进行比较，即逻辑斯蒂回归。

```
w_logistic_output = model_logistic.output.weight.detach()

w_logistic_output.shape
```

输出：

```
torch.Size([1, 25])
```

正如预期的那样几乎是相同的形状。如果一一比较这些值，会发现它们是相似的，但并不完全相同。通过查看图形可以更直观地浏览**全貌**，如图 4.9 所示。

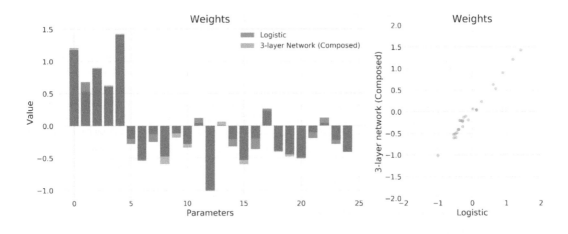

● 图 4.9 比较深层和浅层模型的权重

在图 4.9 的左边，绘制了两个模型所有 25 个权重/参数。尽管它们并**不完全相同**，但相似之处是较多的。在图 4.9 的右边，可以看出权重确实是高度相关的。

  "如果模型是相同的，为什么权重最终会略有不同？"

能提出这个问题是合乎学习常理的。首先，记住每个模型都是**随机初始化**的。确实使用了**相同的随机种子**，但这**不足以**使这两个模型从一开始就相同。为什么不？简单地说，深层模型有**更多的权重**需要初始化，所以一开始它们不可能是相同的。

逻辑斯蒂回归模型有 25 个权重是相当简单的。但是深层模型有多少权重？可以算出：隐藏层 0 中的 5 个单元乘以 25 个特征(125)，加上隐藏层 1 中的 3 个单元乘以 5 个单元(15)，再加上从隐藏层 1 到输出层的最后 3 个权重，合计共有 143 个。

或者可以只使用 PyTorch 的 numel 来返回张量中的元素总数(这种方式很巧妙，对吧?)。

StepByStep *方法*

```
def count_parameters(self):
    return sum(p.numel() for p in self.model.parameters() if p.requires_grad)

setattr(StepByStep, 'count_parameters', count_parameters)
```

更好的方法是，让它成为 StepByStep 类的方法，并且只取**梯度需要的张量**，所以只计算那些需要更新的权重。现在，这已经展示**所有知识点了**，但当在第 7 章使用迁移学习时，情况就不一定如此了。

```
sbs_logistic.count_parameters(), sbs_nn.count_parameters()
```

输出：

```
(25, 143)
```

▶ 作为像素的权重

在数据准备过程中，将输入的 5×5 图像展平为 25 个元素的长张量。这是一个激进的想法：如果采用一些**其他的张量**，其中**包含 25 个元素**，并尝试**将其可视化为图像**，会怎么样？

有一些完美的候选者：**隐藏层 0 中每个单元**使用的**权重**。每个单元使用 25 个权重，因为每个单元接收来自 25 个特征的值，甚至已经在变量中包含了这些权重。

```
w_nn_hidden0.shape
```

输出：

```
torch.Size([5, 25])
```

5 个单元，每个单元 25 个权重。很完美！只需要使用 view 将**代表权重**的 25 个元素的长**张量**变成二维张量(5×5)，并将它们可视化为**图像**，如图 4.10 所示。

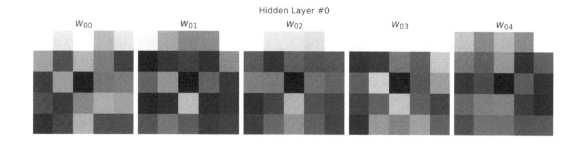

Hidden Layer #0

W_{00} W_{01} W_{02} W_{03} W_{04}

● 图 4.10 作为像素的权重

 "这样做有什么意义？"

在使用**卷积神经网络(CNN)**时，将**权重可视化为图像**是很常见的。这些图像将被称为**滤波器**，经过训练的模型可能会在其滤波器中表现出更多**可识别的特征**。由于模型训练很差，因此上面的图像信息量不大。此外，在我们的例子中，这些**并不是完全**的"滤波器"，因为它们**与输入图像具有相同的大小**。在基于 CNN 的模型中，**真实的滤波器**仅覆盖**图像的一部分**。我们将在下一章中再讨论这个问题。

激活函数

"什么是激活函数?"

激活函数是**非线性函数**，它们要么**压扁**直线，要么**弯曲**直线，从而**打破**深层模型和浅层模型之间的**等价性**。

"您所说的**压扁**直线或**弯曲**直线到底是什么意思?"

好问题！请记住这个提问，我将在下一章"特征空间"中回答它。首先，来看看一些常见的激活函数。PyTorch 有很多激活函数可供选择，但只需要关注其中的 5 个。

▶ Sigmoid

从最传统的 **Sigmoid** 激活函数开始，就已经用它来将 **logit** 转换为**概率**了。如今，这几乎是它的唯一用途，但在神经网络的早期，人们会发现它无处不在的价值和功能。

$$\sigma(z) = \frac{1}{1+e^{-z}}$$

快速回顾一下 **Sigmoid** 的形状：如图 4.11 所示，**Sigmoid 激活函数**将其输入值(z)"**压扁**"到(**0，1**)**范围内**(与概率的范围相同，这就是为什么它被用在二元分类任务的输出层的原因)。还可以验证，它的**梯度峰值**仅为 **0.25**(对于 $z=0$)，且当 z 的绝对值达到 5 时，它已经接近于 0。

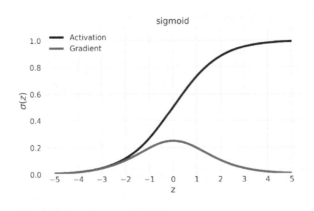

● 图 4.11　Sigmoid 函数及其梯度

另外，请记住，任何给定层的激活值都是下一层的输入，并且考虑到 **Sigmoid** 的范围，**激活值将以 0.5 为中心**，而不是 0。这意味着，即使对输入进行归一化以供第一层使用，其他层也不再如此。

"为什么输出是否以 0 为中心很重要?"

在前面的章节中,**标准化**了特征(如零均值、单位标准差等)来提高梯度下降的性能。同样的推理在这里也适用,因为任何给定层的输出都是下一层的输入。后面会在 ReLU 激活函数中谈到"内部协变量偏移"时再次简单地讨论这个话题。

PyTorch 有**两种**形式的 Sigmoid 函数,正如在第 3 章中已经看到的那样:torch.sigmoid 和 nn. Sigmoid。第一个是一个简单的**函数**,第二个是从 nn.Module 继承的成熟**类**,因此,就所有意图和目的而言,它**本身就是一个模型**。

```
dummy_z = torch.tensor([-3., 0., 3.])
torch.sigmoid(dummy_z)
```

输出:

```
tensor([0.0474, 0.5000, 0.9526])
```

```
nn.Sigmoid()(dummy_z)
```

输出:

```
tensor([0.0474, 0.5000, 0.9526])
```

双曲正切(TanH)

双曲正切激活函数是 Sigmoid 的演变,因为它的输出是具有**零均值**的值,与其前身不同。

$$\sigma(z) = \frac{e^z - e^{-z}}{e^z + e^{-z}}$$

如图 4.12 所示,**TanH 激活函数**将输入值"**压扁**"到(**−1,1**)**的范围**内。因此,由于**以 0 为中心**,激活值已经(某种程度上)是下一层的归一化输入了,这使得双曲正切成为比 Sigmoid 更实用的激活函数。

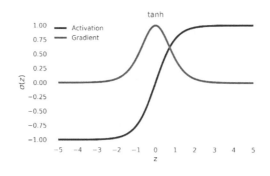

图 4.12　TanH 函数和它的梯度

关于**梯度**，它有一个**更大的峰值 1.0**（同样，对于 $z=0$），但它的下降速度更快。这是所谓的**梯度消失**问题的根本原因，它导致网络的训练逐渐变慢。

就像 Sigmoid 函数一样，双曲正切也有两种形式：torch.tanh 和 nn.Tanh。

```
dummy_z = torch.tensor([-3., 0., 3.])
torch.tanh(dummy_z)
```

输出：

```
tensor([-0.9951, 0.0000, 0.9951])
```

```
nn.Tanh()(dummy_z)
```

输出：

```
tensor([-0.9951, 0.0000, 0.9951])
```

▶ 整流线性单元（ReLU）

也许"压扁"不是唯一办法……如果稍微改变一下规则，并使用**弯曲线**的激活函数怎么办？**ReLU** 就是这样诞生的，它催生了**一整套**类似的函数。**ReLU** 或其近亲之一是当今激活函数的常见选择。它解决了两个前辈的**梯度消失**问题，同时也是计算梯度**最快**的函数。

$$\sigma(z) = \begin{cases} z, z \geqslant 0 \\ 0, z < 0 \end{cases} \quad 或 \quad \sigma(z) = \max(0, z)$$

正如您在图 4.13 中看到的那样，**ReLU** 是一头完全不同的"怪兽"：它不会将值"**压扁**"到一个范围内——它只是**保留正值**并将所有**负值变为 0**。

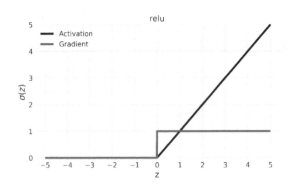

● 图 4.13　ReLU 函数和它的梯度

使用 **ReLU** 的好处是它的**梯度**要么是 **1**（对于正值）要么是 **0**（对于负值）——**不再有消失的梯度**。这种模式导致网络**更快地收敛**。另一方面，这种行为也可能导致所谓的"**坏死神经元**"，即输入始终为负的神经元，因此**激活值始终为零**。更糟糕的是，负输入的**梯度也为零**，这意味着**权重没有更新**，就像神经元被**卡住**了一样。

ReLU 的激活值显然**不是以 0 为中心的**。它是否比双曲正切效果更差？肯定**不会**，否则它不会成为从业者中如此受欢迎的激活函数。ReLU 具有相对较大的梯度，尽管输出不以 0 为中心，但其能够比其他两个激活函数获得更好和更快的结果。

对于更深层更复杂的模型，这可能会成为通常称为"**内部协变量偏移**"的问题，这只是对**不同层中激活值的不同分布**的幻想。一般来说，希望**所有层**都产生具有**相似分布的激活值**，理想情况下**以 0 为中心且具有单位标准差**。要解决此问题，您可以使用**归一化层**，如 BatchNorm。我们将在第 7 章再来讨论这个问题。

在 PyTorch 中实现 **ReLU** 有 **3 种**不同的方式：F.ReLU、nn.ReLU 和 clamp。

"这个 **F** 是什么？为什么不再是 torch？"

F 代表 **functional**，它是 torch.nn.functional 的常用缩写(就像在本章开头的"导入"中所做的那样)。函数模块有很多函数，其中许多执行相应模块的操作。在这种情况下，F.ReLU 实际上是由其对应模块 nn.ReLU 的 forward 方法**调用**的。

一些函数，如 Sigmoid 和 TanH，已被函数模块弃用并移至 torch 模块。但是，ReLU 及其亲属并非如此，它们仍然有效。

```
dummy_z = torch.tensor([-3., 0., 3.])
F.relu(dummy_z)
```

输出：

```
tensor([0., 0., 3.])
```

和以前一样，仍然可以使用成熟的模块版本。

```
nn.ReLU()(dummy_z)
```

输出：

```
tensor([0., 0., 3.])
```

而且，在 ReLU 的特殊情况下，可以使用 clamp 直接**将 z 限制在最小值 0**。

```
dummy_z.clamp(min=0)
```

输出：

```
tensor([0., 0., 3.])
```

▶ 泄漏 ReLU

您怎么能给"坏死神经元"一次复活的机会？如果根本问题是它被**卡住**了，我们需要稍微**刺激**一下它。这就是**泄漏 ReLU** 所做的：对于负输入，它返回一个**很小的激活值**并产生一个**很小的梯度**，而不是两者都**固定为零**。对于负值，它的乘数 0.01 称为**泄漏系数**。

这个数值可能不大，但能让神经元**有机会**解脱**困境**。它**保留**了 ReLU 的优良特性：更大的梯度和更快的收敛速度。

$$\sigma(z) = \begin{cases} z, & z \geq 0 \\ 0.01z, & z < 0 \end{cases} \quad \text{或} \quad \sigma(z) = \max(0, z) + 0.01\min(0, z)$$

正如您在图 4.14 中所看到的那样，**泄漏 ReLU 与 ReLU 基本相同**，只是在左侧有一个**微小的**、几乎看不到的斜面。

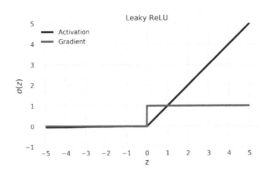

● 图 4.14　泄漏 ReLU 函数和它的梯度

这一次，有两个选择。选择一：函数(F.leaky_relu)。

```
dummy_z = torch.tensor([-3., 0., 3.])
F.leaky_relu(dummy_z, negative_slope=0.01)
```

输出：

```
tensor([-0.0300, 0.0000, 3.0000])
```

选择二：模块(nn.LeakyReLU)。

```
nn.LeakyReLU(negative_slope=0.02)(dummy_z)
```

输出：

```
nn.LeakyReLU(negative_slope=0.02)(dummy_z)
```

可以看到在 PyTorch 中，泄漏系数称为 negative_slope，默认值为 0.01。

 "选择 0.01 作为泄漏系数有什么特别的原因吗？"

没有什么特别的原因，它只是一个**能够更新权重**的**小数字**，这就引出了另一个问题：为什么不尝试**不同的系数**呢？果然，之后人们也开始使用其他系数来提高性能了。

 "也许模型也可以**学习泄漏系数**？"

当然可以！

▶ 参数 ReLU（PReLU）

参数 ReLU 是**泄漏 ReLU** 的自然演变：与其随意选择**泄漏系数**（如 0.01），不如将其设为**参数**（a）。希望该模型能够帮助您学习如何防止坏死神经元，或如何使它们恢复活力（"僵尸"神经元?!）的相关方法。撇开玩笑不谈，这是解决问题的巧妙方法。

$$\sigma(z)=\begin{cases}z,z\geq0\\az,z<0\end{cases} \quad 或 \quad \sigma(z)=\max(0,z)+a\min(0,z)$$

如图 4.15 所示，左侧的**斜率**现在要大得多了，准确地说是 0.25，这是 PyTorch 参数 a 的默认值。

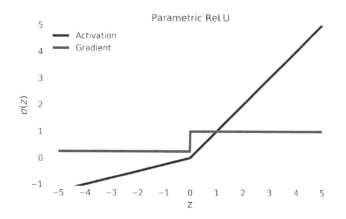

● 图 4.15　参数 ReLU 函数和它的梯度

可以使用函数版本（F.prelu 中的参数 weight）设置参数 a。

```
dummy_z = torch.tensor([-3., 0., 3.])
F.prelu(dummy_z, weight=torch.tensor(0.25))
```

输出：

```
tensor([-0.7500, 0.0000, 3.0000])
```

但是，在常规模块（nn.PReLU）中，设置它是没有意义的，因为它会被**学习**，对吧？不过，仍然可以为其设置**初始值**。

```
nn.PReLU(init=0.25)(dummy_ z)
```

输出：

```
nn.PReLU(init=0.25)(dummy_z)
```

您注意到结果张量上的 grad_fn 属性了吗？这应该不足为奇，毕竟哪里有**学习**，哪里就有**梯度**。

深度模型

现在我们已经了解到激活函数**打破**了浅层模型的**等价性**，使用它们将以前的深层模型转换为**真正的**深度模型。除了应用**隐藏层输出的激活函数**外，它与之前的模型具有**相同的架构**。图 4.16 是更新后模型的示意图。

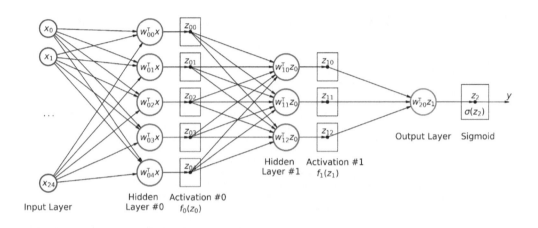

• 图 4.16 深度模型（更新后）

下面看看它现在的表现如何。

▶▶ 模型配置

首先，将上面的模型变换成代码。

模型配置

```
1    #设置学习率
2    lr = 0.1
3
4    torch.manual_seed(17)
5    #现在可以创建一个模型
6    model_relu = nn.Sequential()
7    model_relu.add_module('flatten', nn.Flatten())
8    model_relu.add_module('hidden0', nn.Linear(25, 5, bias=False))
9    model_relu.add_module('activation0', nn.ReLU())
10   model_relu.add_module('hidden1', nn.Linear(5, 3, bias=False))
11   model_relu.add_module('activation1', nn.ReLU())
12   model_relu.add_module('output', nn.Linear(3, 1, bias=False))
13   model_relu.add_module('sigmoid', nn.Sigmoid())
14
15   #定义 SGD 优化器来更新参数
```

```
16   #现在直接从模型中检索
17   optimizer_relu = optim.SGD(model_relu.parameters(), lr=lr)
18
19   #定义二元交叉熵损失函数
20   binary_loss_fn = nn.BCELoss()
```

选择的激活函数是**整流线性单元（ReLU）**，它是最常用的函数之一。

为了将此模型与前一个模型进行比较，将偏差排除在图像之外，除了在每个隐藏层之后引入的激活函数外，这个模型完全相同。

在实际问题中，作为一般规则，您应该**保持** bias = True。

▶ 模型训练

使用 StepByStep 类训练新的、深度的和激活的模型 50 个周期，并可视化损失，如图 4.17 所示。

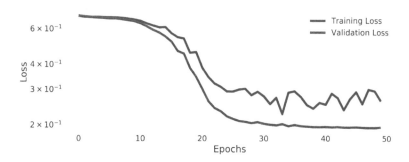

● 图 4.17 可视化损失

模型训练

```
1   n_epochs = 50
2
3   sbs_relu = StepByStep(model_relu, binary_loss_fn, optimizer_relu)
4   sbs_relu.set_loaders(train_loader, val_loader)
5   sbs_relu.train(n_epochs)

fig = sbs_relu.plot_losses()
```

这和之前的结果就更像了！但是，要真正掌握激活函数的不同之处，可以将所有模型绘制在同一幅图形内，如图 4.18 所示。

新模型只用了几个周期就超越了之前的模型。显然，这个模型**不等同**于逻辑斯蒂回归：**它要好得多**。

老实说，这两个模型都有些蹩脚。如果您查看它们的准确率（验证集的准确率在 43%～65% 之间)，它们的表现就很差了。本练习唯一的目的是证明激活函数通过打破逻辑斯蒂回归的等价性，**能够**在最小化损失方面取得更好的结果。

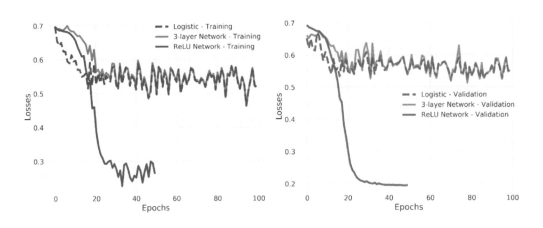

● 图 4.18 损失(激活之前和之后)

这个特定模型的**验证损失**也**低于训练损失**，这**不是**您所期望的。已经在第 3 章看到过这样的案例：验证集比训练集**更容易**达到最小值。当前的示例比这**更微妙**……这里有以下解释。

● 短版本：这存在一个特殊性。

● 长版本：首先，模型不是那么好，并且倾向于预测**正类**中的更多点(高 **FPR** 和 **TPR**)；其次，在验证集中的一个小批量内，几乎所有的点都属于正类，因此**损失非常低**；最后，验证集中**只有 4 个小批量**，因此平均损失很容易受到单个小批量的影响。

现在是时候问自己两个问题了。

● **为什么**逻辑斯蒂回归的等价性被破坏了？

● 激活函数到底在做**什么**？

第一个问题将在下一小节"**再给我看看数学**"中回答。另一个更有趣的问题将在下一章"**特征空间**"中解答。

▶ 再给我看看数学

本小节也是**可选学习的**。如果您想了解，使用矩阵乘法，**为什么**深度模型**不再等同于**逻辑斯蒂回归，那么请查看式 4.3 的等式序列。

和以前一样，数据**从右到左流动**(因为这是乘以矩阵序列的方式)，从**右侧的 25 个特征**开始，到**左侧的单个 logit 输出**结束。单独查看每一层(行)，还应该清楚给定层的输出(行的最左边的向量)在变成下一层的输入之前**由激活函数转换**。

式 4.3 **中线的下面一行**显示了组合行上面所有操作的结果。由于存在两个激活函数(f_0 和 f_1)，因此**无法进一步简化表达式**。它们确实打破了逻辑斯蒂回归的**等价性**。

Hidden #0
$$\begin{bmatrix} z_{00} \\ z_{01} \\ z_{02} \\ z_{03} \\ z_{04} \end{bmatrix}_{(5\times1)} = \begin{bmatrix} - & w_{00}^{\mathrm{T}} & - \\ - & w_{01}^{\mathrm{T}} & - \\ - & w_{02}^{\mathrm{T}} & - \\ - & w_{03}^{\mathrm{T}} & - \\ - & w_{04}^{\mathrm{T}} & - \end{bmatrix}_{(5\times25)} \cdot \begin{bmatrix} x_0 \\ \vdots \\ x_{11} \\ \vdots \\ x_{24} \end{bmatrix}_{(25\times1)}$$

Hidden #1
$$\begin{bmatrix} z_{10} \\ z_{11} \\ z_{12} \end{bmatrix}_{(3\times1)} = \begin{bmatrix} - & w_{10}^{\mathrm{T}} & - \\ - & w_{11}^{\mathrm{T}} & - \\ - & w_{12}^{\mathrm{T}} & - \end{bmatrix}_{(3\times5)} \cdot \underbrace{f_0\left(\begin{bmatrix} z_{00} \\ z_{01} \\ z_{02} \\ z_{03} \\ z_{04} \end{bmatrix}_{(5\times1)}\right)}_{\text{Activation }\#0}$$

Output
$$\underset{(1\times1)}{[z_2]} = \underset{(1\times3)}{[- \ w_{20}^{\mathrm{T}} \ -]} \cdot \underbrace{f_1\left(\begin{bmatrix} z_{10} \\ z_{11} \\ z_{12} \end{bmatrix}_{(3\times1)}\right)}_{\text{Activation }\#1}$$

substituting z's...
$$\underset{(1\times1)}{[z_2]} = \underbrace{\underset{(1\times3)}{[- \ w_{20}^{\mathrm{T}} \ -]}}_{\text{Output Layer}} \cdot f_1 \left(\underbrace{\begin{bmatrix} - & w_{10}^{\mathrm{T}} & - \\ - & w_{11}^{\mathrm{T}} & - \\ - & w_{12}^{\mathrm{T}} & - \end{bmatrix}_{(3\times5)}}_{\text{Hidden Layer\#1}} \cdot f_0 \left(\underbrace{\begin{bmatrix} - & w_{00}^{\mathrm{T}} & - \\ - & w_{01}^{\mathrm{T}} & - \\ - & w_{02}^{\mathrm{T}} & - \\ - & w_{03}^{\mathrm{T}} & - \\ - & w_{04}^{\mathrm{T}} & - \end{bmatrix}_{(5\times25)}}_{\text{Hidden Layer\#0}} \cdot \underbrace{\begin{bmatrix} x_0 \\ \vdots \\ x_{11} \\ \vdots \\ x_{24} \end{bmatrix}_{(25\times1)}}_{\text{Inputs}} \right) \right)$$

式 4.3 激活函数打破了等价性

 归纳总结

在本章中主要关注管道的**数据准备**部分。当然，还展示了更实用、更深层的模型，以及激活函数等，但是模型配置部分没有改变，模型训练也没有改变。

这不应该让人感到意外，因为众所周知，数据科学家花在**数据准备**上的时间比**实际模型训练**上的时间更多。

转换后的数据集

```
1   class TransformedTensorDataset(Dataset):
2       def __init__(self, x, y, transform=None):
3           self.x = x
4           self.y = y
5           self.transform = transform
6
7       def __getitem__(self, index):
8           x = self.x[index]
9
10          if self.transform:
11              x = self.transform(x)
12
13          return x, self.y[index]
14
```

```
15    def __len__(self):
16        return len(self.x)
```

辅助函数 4

```
1  def index_splitter(n, splits, seed=13):
2      idx = torch.arange(n)
3      #使拆分参数成为张量
4      splits_tensor = torch.as_tensor(splits)
5      #找到正确的乘数
6      #所以不必担心求和到 N(或 1)
7      multiplier = n / splits_tensor.sum()
8      splits_tensor = (multiplier * splits_tensor).long()
9      #如果有差异,则在第一次拆分时抛出
10     #这样 random_split 就不会卡顿
11     diff = n - splits_tensor.sum()
12     splits_tensor[0] += diff
13     #使用 PyTorch 的 random_split 来拆分索引
14     torch.manual_seed(seed)
15     return random_split(idx, splits_tensor)
```

辅助函数 5

```
1  def make_balanced_sampler(y):
2      # Computes weights for compensating imbalanced classes
3      classes, counts = y.unique(return_counts=True)
4      weights = 1.0 / counts.float()
5      sample_weights = weights[y.squeeze().long()]
6      #使用计算的权重来构建采样器
7      generator = torch.Generator()
8      sampler = WeightedRandomSampler(
9          weights=sample_weights,
10         num_samples=len(sample_weights),
11         generator=generator,
12         replacement=True
13     )
14     return sampler
```

数据准备

```
1   #在拆分之前从 Numpy 数组中构建张量
2   #将像素值的比例从[0, 255]修改为[0, 1]
3   x_tensor = torch.as_tensor(images / 255).float()
4   y_tensor = torch.as_tensor(labels.reshape(-1, 1)).float()
5
6   #使用 index_splitter 为训练集和验证集生成索引
7   train_idx, val_idx = index_splitter(len(x_tensor), [80, 20])
8   #使用索引执行拆分
9   x_train_tensor = x_tensor[train_idx]
10  y_train_tensor = y_tensor[train_idx]
```

```
11  x_val_tensor = x_tensor[val_idx]
12  y_val_tensor = y_tensor[val_idx]
13
14  #由于训练集的数据增加而构建不同的合成器
15  train_composer = Compose([RandomHorizontalFlip(p=.5),
16                            Normalize(mean=(.5,), std=(.5,))])
17  val_composer = Compose([Normalize(mean=(.5,), std=(.5,))])
18  #使用自定义数据集将组合转换应用于每个集合
19  train_dataset = TransformedTensorDataset(x_train_tensor, y_train_tensor,
20                            transform=train_composer)
21  val_dataset = TransformedTensorDataset(x_val_tensor, y_val_tensor,
22                            transform=val_composer)
23
24  #构建加权随机采样器来处理不平衡类
25  sampler = make_balanced_sampler(y_train_tensor)
26
27  #在训练集中使用采样器来获得平衡的数据加载器
28  train_loader = DataLoader(dataset=train_dataset, batch_size=16,
29  sampler=sampler)
    val_loader = DataLoader(dataset=val_dataset, batch_size=16)
```

模型配置

```
1   #设置学习率
2   lr = 0.1
3
4   torch.manual_seed(11)
5   #现在可以创建一个模型
6   model_relu = nn.Sequential()
7   model_relu.add_module('flatten', nn.Flatten())
8   model_relu.add_module('hidden0', nn.Linear(25, 5, bias=False))
9   model_relu.add_module('activation0', nn.ReLU())
10  model_relu.add_module('hidden1', nn.Linear(5, 3, bias=False))
11  model_relu.add_module('activation1', nn.ReLU())
12  model_relu.add_module('output', nn.Linear(3, 1, bias=False))
13  model_relu.add_module('sigmoid', nn.Sigmoid())
14
15  #定义 SGD 优化器来更新参数
16  optimizer_relu = optim.SGD(model_relu.parameters(), lr=lr)
17
18  #定义二元交叉熵损失函数
19  binary_loss_fn = nn.BCELoss()
```

模型训练

```
1  n_epochs = 50
2
3  sbs_relu = StepByStep(model_relu, binary_loss_fn, optimizer_relu)
4  sbs_relu.set_loaders(train_loader, val_loader)
5  sbs_relu.train(n_epochs)
```

回顾

本章讲解了很多内容，从图像转换到激活函数的内部工作原理。以下就是所涉及的内容：

- 生成了包含 300 个小而简单**图像**的**数据集**。
- 了解 **NCHW** 和 **NHWC** 数据形状之间的区别。
- 了解 **Torchvision**，其内置数据集和模型架构。
- 使用 Torchvision 将**图像**从 PIL **转换**为 Tensor，反之亦然。
- 执行**数据增强**，如旋转、裁剪和翻转图像。
- **归一化**图像数据集。
- **组合转换**以将它们与 Datasets 一起使用。
- 使用**采样器**执行数据集**拆分**，并处理**不平衡**的数据集。
- 使用**像素作为单独特征**来构建图像分类的浅层模型(逻辑斯蒂回归)。
- **尝试**通过添加额外的隐藏层来**使模型更深**。
- 使用数学和代码，认识到该模型仍然**等价于逻辑斯蒂回归**。
- 将隐藏层的**权重可视化为像素和图像**。
- 了解**激活函数**的作用，并复习常见的函数：Sigmoid、TanH、ReLU、泄漏 ReLU 和 PReLU。
- 使用**激活函数有效地使我们的模型更深**，观察到损失最小化的巨大改进。

好吧，这肯定是一个漫长的过程。**祝贺您**在理解开发和训练深度学习模型中涉及的主要概念方向上又迈出了一步。在本章，训练了简单的模型来对图像进行分类；在第 5 章，将学习和使用**卷积神经网络(CNN)**，并执行**多类分类**。

扩展阅读

文中提到的阅读资料(网址)请读者按照本书封底的说明方法自行下载。

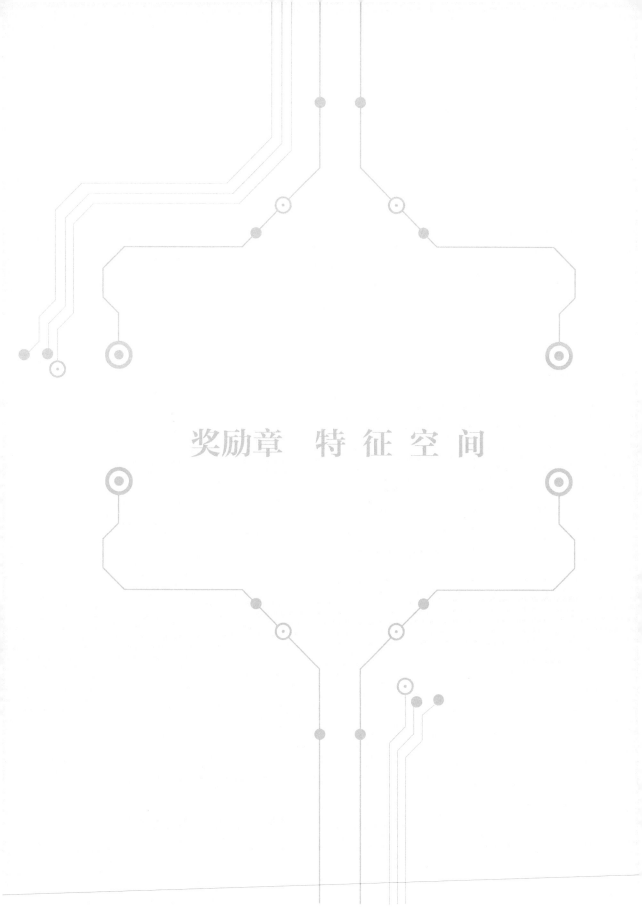

奖励章 特征空间

本章与其他章不同，没有编写任何代码。

本章的目的是**说明激活函数对特征空间的影响**。

"您所说的'特征空间'是什么意思?"

特征空间是特征"存在"的 n 维空间。在第 3 章，使用了**两个特征**来进行二元分类，因此那里的特征空间是二维的，也就是**一个平面**。在第 4 章使用了 25 个特征，因此特征空间是 25 维的，也就是一个**超平面**。

二维特征空间

现在请您暂时**忘记**超平面，回到舒适而**熟悉的二维世界**。

这是一个**全新的数据集**，它**不再**是图像数据集了。

新的二维数据有 2000 个点，平均分为两类：**红色**(负类) 和**蓝色**(正类)，整齐地排列在两条不同的抛物线上，如图 B.1 所示。

我们的目标是训练一个能够**分离**两条曲线的二元分类器，在**它们之间绘制决策边界**。在第 3 章，发现二元分类问题的决策边界是**一条直线**。

所以我问您：有没有可能画**一条直线来分隔抛物线**? 答案：显然不能……但这是否意味着问题无法解决? 显然不是。这只是意味着我们需要从**不同的角度**看待该问题。

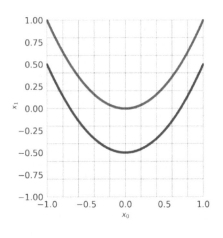
● 图 B.1 二维特征空间

转换

在之前章节中简单介绍过维数、支持向量机中的核技巧以及数据点的可分离性。在某种程度上，这已经是一个**不同的视角**了。在那里，将**转换**特征空间映射到了**更高维**的空间，并希望更容易分离数据点。

在第 4 章已经确定，**在没有激活函数的情况下**，**更深层的模型**具有**等效的浅层模型**(逻辑斯蒂回归，在二元分类的情况下)。这意味着**实际上并没有增加维度**。

您可能会想："这与第 3 章取特征值**平方**的示例有何不同？"

有一个区别：神经元只能执行 w^Tx+b 形式的**仿射变换**。因此，像 x^2 这样的操作虽然简单，但仍然是不可能的。

仿射变换

仿射变换是简单的**线性变换**（w^Tx），如**旋转**、**缩放**、**翻转**或**剪切**等，然后是**平移**（b）。

如果您想了解更多信息，并真正了解矩阵在线性变换中的作用，包括**漂亮的可视化效果**，请务必查看 **3Blue1Brown** 在 YouTube 上的课程，尤其是 *Essence of linear algebra*[77] 系列。太棒了！说真的，千万不要错过！

如果您有时间观看**整个系列**，很好，但如果您需要把时间控制在最低限度，就请坚持看以下 3 个。

- Linear transformations and matrices——第 3 章[78]。
- Matrix multiplication as composition——第 4 章[79]。
- Nonsquare matrices as transformations between dimensions——第 8 章[80]。

这意味着需要一个**不同的转换来有效地增加维度**，更重要的是，**扭曲和转动**特征空间。这就是**激活函数**的作用，您可能已经猜到了。

为了可视化这些效果，必须将所有内容都保存在二维特征空间中。模型如图 B.2 所示。

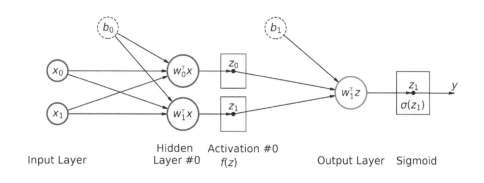

• 图 B.2 模型图

它有一个带有**激活函数的隐藏层**（在这里可以尝试选择任何一种），以及一个输出层，后面跟着一个 Sigmoid 函数，这是典型的二元分类。上面的模型对应如下代码。

```
fs_model = nn.Sequential()
fs_model.add_module('hidden', nn.Linear(2, 2))
fs_model.add_module('activation', nn.Sigmoid())
fs_model.add_module('output', nn.Linear(2, 1))
fs_model.add_module('sigmoid', nn.Sigmoid())
```

快速看一下执行**仿射变换**的"**隐藏层 0**"：

- 首先，它使用**权重**执行**特征空间**(特征x_0和x_1)的**线性变换**，使得生成的特征空间是原始版本的旋转、缩放，也可能是翻转或剪切。
- 然后，它使用**偏差**将整个特征空间**转换**到**不同的原点**，从而产生**转换后的特征空间**(z_0和z_1)。

下面的等式显示了从输入(x)到 logit(z)的整个操作。

$$\begin{bmatrix} w_{00} & w_{01} \\ w_{10} & w_{11} \end{bmatrix} \cdot \begin{bmatrix} x_0 \\ x_1 \end{bmatrix} + \begin{bmatrix} b_0 \\ b_1 \end{bmatrix} = x_0 \begin{bmatrix} w_{00} \\ w_{10} \end{bmatrix} + x_1 \begin{bmatrix} w_{01} \\ w_{11} \end{bmatrix} + \begin{bmatrix} b_0 \\ b_1 \end{bmatrix} = \begin{bmatrix} w_{00}x_0 + w_{01}x_1 + b_0 \\ w_{10}x_0 + w_{11}x_1 + b_1 \end{bmatrix} = \begin{bmatrix} z_0 \\ z_1 \end{bmatrix}$$

线性转换 —— 仿射变换　　　线性转换 —— 仿射变换

式 B.1　使用仿射变换从输入到 logit

正是在这个**转换后的特征空间**之上，**激活函数**将发挥它的作用，**扭曲和转动**特征空间，使其**无法识别**。

接下来，生成的激活特征空间将**提供给输出层**。但是，如果**只看输出层**，它就像一个**逻辑回归**，对吧？这意味着输出层将使用其输入(z_0和z_1)来**绘制决策边界**。

对模型图可以进行**注释**，使其更清晰，如图 B.3 所示。

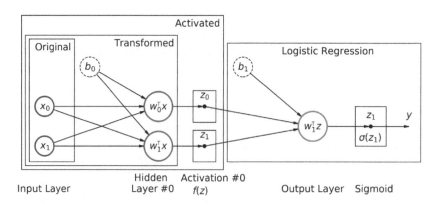

图 B.3　带注释的模型图

决策边界，激活方式

此时，我有一个问题要问您。

"用逻辑斯蒂回归绘制的决策边界看起来如何?"

这看起来是**一条直线**! 已经在第 3 章中看到了这一点。在继续之前,快速总结一下到目前为止的发现。

- 在图 B.1 所示的原始特征空间(x_0和x_1)中,**不可能画出一条直线**来分隔红色和蓝色曲线。
- 在变换后的特征空间(z_0和z_1)中,**仍然不可能绘制一条**将两条曲线分开的**直线**,因为**仿射变换保留了平行线**。
- 在激活特征空间中,($f(z_0)$和$f(z_1)$),其中f是我们选择的激活函数,**可以绘制一条**分隔红色和蓝色曲线的**直线**。

更进一步,看一下训练模型的结果(使用 Sigmoid 作为激活函数f),如图 B.4 所示。

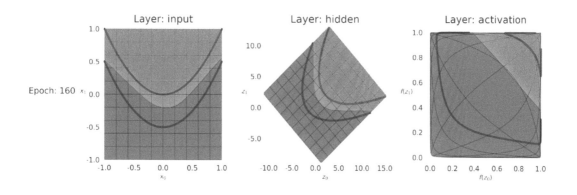

图 B.4　从原始到激活特征空间

图 B.4 的左边是原始特征空间,中间是变换后的特征空间(对应于"隐藏层 0"的输出,在激活之前),右边是激活特征空间。

关注图 B.4 的**右图**:正如前面所讲解的那样,**决策边界是一条直线**。现在,请注意那里的**网格线**:正如所讲解的那样,它们被**扭曲并变得面目全非**。这是**激活函数的工作**。

此外,我还在**前两个特征空间**中绘制了**决策边界**:它们现在是**曲线**。

 事实证明,**原始特征空间中的弯曲决策边界**对应于**激活特征空间中的直线**。

许多年前,当我第一次看到这些时,感觉是自己理解激活函数的作用和重要性的重要因素。

我首先向您展示了经过**训练的模型**已产生的影响。在训练过程开始时,视觉效果并没有那么令人印象深刻,如图 B.5 所示。

但随着训练的进行它会变得更好,如图 B.6 所示,注意**中间图的比例**。

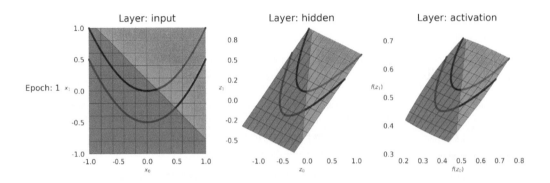

● 图 B.5　初始效果

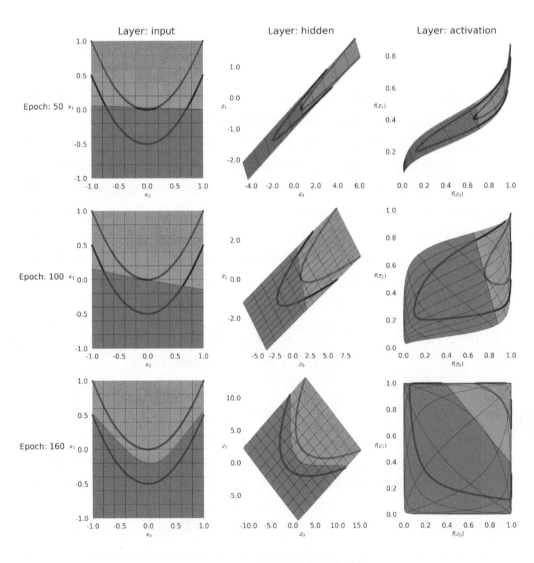

● 图 B.6　一段时间后的训练效果

该模型找到的解决方案是将其**向右旋转并放大**(线性变换),然后将其**向右并向上平移**(使其成为仿射变换)。这是通过**隐藏层 0** 实现的。然后 **Sigmoid 激活函数**将转换后的特征空间转换为右列中这些**奇怪形状**的图形。在最后的图中,生成的激活特征空间看起来像是在其中心被"**放大**"了,就好像正在通过放大镜观察它一样。

现在,请注意图 B.6 中最后图形中的**范围**:它被限制在(0,1)区间内,这就是 **Sigmoid** 的范围。如果尝试**不同的激活函数**会怎样?

更多的函数,更多的边界

试试**双曲正切**,如图 B.7 所示。

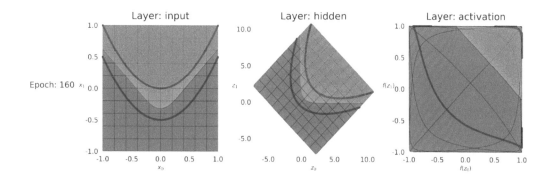

• 图 B.7　激活特征空间——TanH

这实际上和之前的效果非常相似……尤其是隐藏层的**变换特征空间**。但是,**激活特征空间的范围**是不同的:它被限制在(-1,1)区间内,对应于双曲正切的范围。

常用的 **ReLU** 如图 B.8 所示。

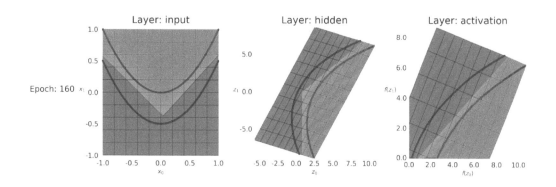

• 图 B.8　激活特征空间——ReLU

好了，现在可以清楚地看到一个区别：**原始特征空间上的决策边界有一个角**，这是当输入为 0时，ReLU 自身角的直接结果。在图 B.8 的右边，还可以验证激活特征空间的范围只有**正值**，正如预期的那样。

接下来，试试**参数 ReLU（PReLU）**，如图 B.9 所示。

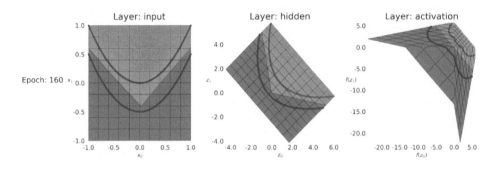

● 图 B.9　激活特征空间——PReLU

这就更不一样了！鉴于 PReLU 为**负值学习了一个斜率**，有效地**弯曲**了特征空间，而不是像普通的 ReLU 那样简单地**切掉一部分**，结果看起来像是特征空间在两个不同的地方被**折叠**了一样。我不知道您怎么想的，但我觉得这真的很有趣！

到目前为止，所有模型都训练了 160 个周期，足以让它们收敛到一个完全分离两条曲线的解决方案。这似乎需要很多周期才能解决一个相当简单的问题，对吧？但是，请记住在第 3 章中讨论的内容：增加维度可以更容易地分离类。因此，实际上对这些模型施加了严格的限制，将其**保持为二维**(隐藏层中的两个单元)并**仅执行一次转换**(仅一个隐藏层)。

给模型留点余地，以便开发它们更多的潜力……

 更多的层，更多的边界

赋予模型更多功能的一种选择是**使其更深**。通过添加**另一个**具有两个单元的**隐藏层**可以使其更深，同时**保持严格的二维**，状态如图 B.10 所示。

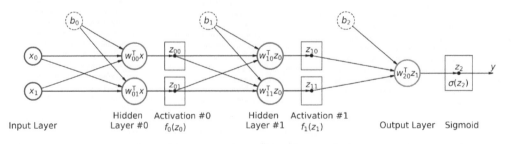

● 图 B.10　更深的模型

一个或多个隐藏层的序列，都具有与输入层相同的大小，如图 B. 10 所示(直到激活 1)，是用于对**循环神经网络(RNN)**中的**隐藏状态**进行建模的典型架构。我们将在后面的章节中讨论它。

它在代码中看起来像这样(使用双曲正切作为激活函数，因为它在可视化一系列转换时效果看起来不错)。

```
fs_model = nn.Sequential()
fs_model.add_module('hidden0', nn.Linear(2, 2))
fs_model.add_module('activation0', nn.Tanh())
fs_model.add_module('hidden1', nn.Linear(2, 2))
fs_model.add_module('activation1', nn.Tanh())
fs_model.add_module('output', nn.Linear(2, 1))
fs_model.add_module('sigmoid', nn.Sigmoid())
```

在上面的模型中，**Sigmoid** 函数**不是激活函数**：它只是将 logit 转换为概率。您可能想知道"我可以在同一个模型中混合不同的激活函数吗？"。这绝对是可以的，但也非常不寻常。通常，模型是使用跨所有隐藏层的相同激活函数构建的。ReLU 或其变形之一是最常见的选择，因为它们可以加快训练速度，而 TanH 和 Sigmoid 激活函数用于非常特殊的情况(如循环神经网络)。

但是，更重要的是，由于它现在可以执行**两个转换**(显然还有激活)，所以图 B. 11 展示了模型是如何工作的。

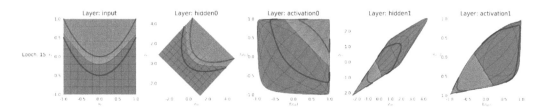

● 图 B. 11　激活特征空间——更深的模型

图 B. 11 是使用**仅训练了 15 个周期**的模型构建的(与之前所有模型中的 160 个周期相比)。添加另一个隐藏层肯定会使模型更强大，从而在更短的时间内得到令人满意的效果。

"太好了，构建一个不可思议的深度模型，然后解决所有问题！对吧？"

没那么快就解决了所有问题……随着模型的**深入**，其他问题才开始出现，如让人头疼的**梯度消失**问题，我们稍后再谈。目前，添加一、两个额外的层可能是**安全的**，但请不要只进行这种操作。

更多的维度，更多的边界

还可以通过向隐藏层添加**更多单元**来使模型更强大。这样做**增加了维度**，也就是说，将**二维特征空间**映射到一个 **10 维特征空间**（我们无法可视化它）。但是可以将它**映射回**第二个隐藏层中的**二维**内，唯一的目的就是对其观察。

我跳过了这个图形，以下是代码。

```
fs_model = nn.Sequential()
fs_model.add_module('hidden0', nn.Linear(2, 10))
fs_model.add_module('activation0', nn.PReLU())
fs_model.add_module('hidden1', nn.Linear(10, 2))
fs_model.add_module('output', nn.Linear(2, 1))
fs_model.add_module('sigmoid', nn.Sigmoid())
```

它的**第一个隐藏层**现在有 **10 个单元**，并使用 PReLU 作为激活函数。然而，**第二个隐藏层没有激活函数**：该层作为 **10 维到二维的投影**，因此**决策边界**可以在二维中可视化。

> ⓘ 实际上，这个额外的隐藏层是**多余的**。请记住，如果**两层之间没有激活函数**，它们就**相当于单层**。在这里这样做的唯一目的是**将其可视化**。

图 B.12 是仅训练 **10 个周期**后的结果。

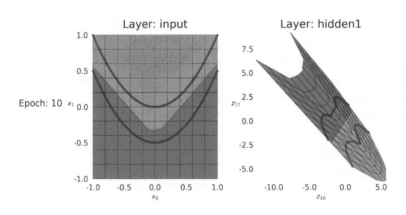

● 图 B.12 激活特征空间——更广泛的模型

通过将原始特征空间映射到一些复杂的 10 维空间，使模型更容易找到一种**分离数据**的方法。请记住，**维度越多**，**点就越可分离**。

然后，通过将其映射回二维，可以在修改后的特征空间中可视化决策边界。由于维度的增加，整体形状更加复杂，好像经历了多次折叠。

就个人而言，这是我最喜欢的主题之一，也是我第一篇博文的主题"Hyper-parameters in Action！Part I - Activation Functions"[81]。您还可以查看我当时制作的一些动画，用于使用不同的激活函数来可视化训练过程：Sigmoid[82]、双曲正切[83]和ReLU[84]。

 回顾

对于特征空间可视化之旅来说已经讲解了足够多的知识了！我希望您喜欢它。以下就是所涉及的内容。

- 了解什么是**特征空间**，以及**隐藏层**如何执行**仿射变换**来修改特征空间。
- **可视化激活函数**对特征空间的影响。
- 认识到**决策边界**在**激活特征空间中是一条直线**，而在**原始**特征空间中是一条**曲线**。
- 为**不同的激活函数**可视化**不同的决策边界**(在原始特征空间中)。
- 通过**加深**模型来构建更强大的模型。
- 通过**扩大**模型(即**增加维度**)来构建更强大的模型。

现在，回到主线，使用卷积神经网络(CNN)来解决多类分类问题。

扩展阅读

文中提到的阅读资料(网址)请读者按照本书封底的说明方法自行下载。

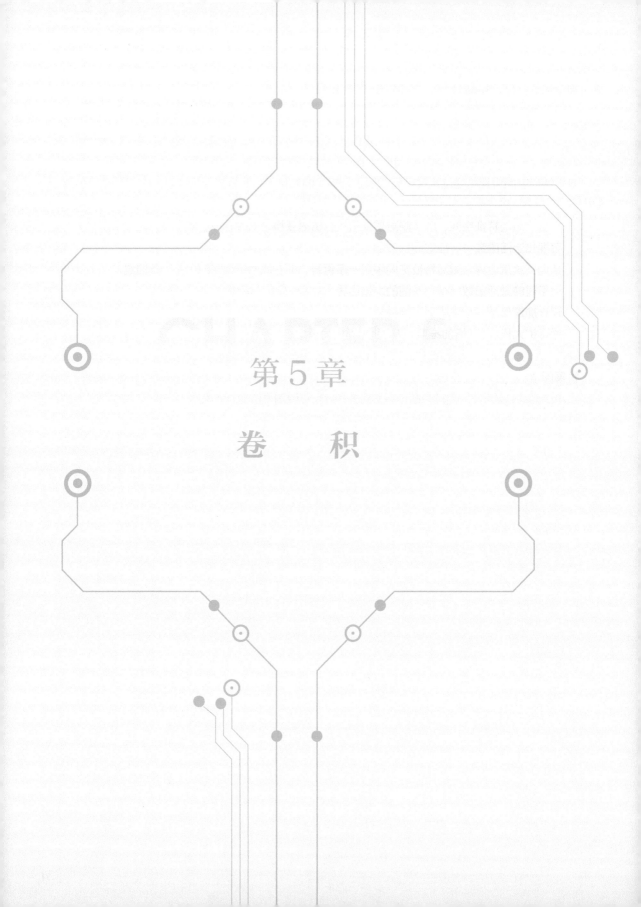

第5章

卷　积

剧透

在本章，将：

- 详细了解**卷积层的算法**。
- 构建**多类分类**模型。
- 了解 **softmax 函数**的作用。
- 使用**负对数似然**和**交叉熵**损失。
- **可视化**卷积神经网络学习的**滤波器**。
- 理解并使用**钩子**（hook）捕获中间层的输出。
- **可视化特征图**以更好地了解模型内部发生的事情。

Jupyter Notebook

与第 5 章[85]相对应的 Jupyter Notebook 是 GitHub 官方上"**Deep Learning with PyTorch Step-by-Step**"资料库的一部分。您也可以直接在**谷歌 Colab**[86]中运行它。

如果您使用的是**本地安装**，请打开个人终端或 Anaconda Prompt，导航到从 GitHub 复制的 PyTorchStepByStep 文件夹。然后，**激活 pytorchbook** 环境并运行 Jupyter Notebook。

```
$ conda activate pytorchbook

(pytorchbook) $ jupyter notebook
```

如果您使用 Jupyter 的默认设置，单击链接（http://localhost：8888/notebooks/Chapter05.ipynb）应该会打开第 5 章的 Notebook。如果不行则只需单击 Jupyter 主页中的"Chapter05.ipynb"。

导入

为了便于组织，在任何一章中使用的代码所需的库都在其开始时导入。在本章需要以下的导入。

```
import random
import numpy as np
from PIL import Image

import torch
import torch.optim as optim
import torch.nn as nn
import torch.nn.functional as F

from torch.utils.data import DataLoader, Dataset
from torchvision.transforms import Compose, Normalize
```

```
from data_generation.image_classification import generate_dataset
from helpers import index_splitter, make_balanced_sampler
from stepbystep.v1 import StepByStep
```

 卷积

在上一章，我们将**像素视为特征**：将每个像素视为一个独立的特征，因此在**展平化**图像时会**丢失信息**。我们还讨论了**以像素为权重**，以及如何将神经元使用的权重解释为**图像**，或者更具体地说，将其解释为**滤波器**。

现在，是时候更进一步了解**卷积**了。卷积是"对两个函数(f 和 g)的数学运算，它产生了第 3 个函数($f * g$)，表示一个函数的形状如何被另一个函数修改"[87]。在图像处理中，**卷积矩阵**也称为**内核**或**滤波器**。典型的图像处理操作，如模糊、锐化、边缘检测等，都是通过**在内核和图像之间执行卷积**来完成的。

▶ 滤波器/内核

简单地说，定义一个**滤波器**(或内核，在这里坚持使用滤波器)，并将此滤波器**应用**于图像(即卷积图像)。通常，滤波器是**小方阵**。卷积本身是通过**在图像上重复应用滤波器**来执行的。下面通过一个具体的例子来帮您理解得更清楚。

我们使用的是单通道图像，也是有史以来**最单调的滤波器，恒等滤波器**如图 5.1 所示。

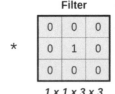

• 图 5.1 恒等滤波器

看到图 5.1 左上角的**灰色区域**，它**与滤波器的大小相同**吗？那是**滤波器被应用到的区域**，它被称为**感受野**，类似于人类视觉的工作方式。

此外，查看图像下方的**形状**：这些形状遵循 PyTorch 使用的 **NCHW** 形状约定。有一幅图像，一个通道，大小为 6×6 像素。有一个滤波器，一个通道，大小为 3×3 像素。

最后，**星号**代表两者之间的**卷积**运算。

创建 Numpy 数组来跟踪操作，毕竟在代码中一切都变得更直观，对吧?

```
single = np.array(
    [[[[5, 0, 8, 7, 8, 1],
       [1, 9, 5, 0, 7, 7],
       [6, 0, 2, 4, 6, 6],
       [9, 7, 6, 6, 8, 4],
       [8, 3, 8, 5, 1, 3],
       [7, 2, 7, 0, 1, 0]]]]
)
single.shape
```

输出:

```
(1, 1, 6, 6)
```

```
identity = np.array(
    [[[[0, 0, 0],
       [0, 1, 0],
       [0, 0, 0]]]]
)
identity.shape
```

输出:

```
(1, 1, 3, 3)
```

▶ 卷积运算

? "滤波器如何修改所选区域/感受野?"

实际上这很简单:它在**区域和滤波器**之间执行**逐元素相乘**，然后将**所有结果相加**。对，就是这样! 检查一下，放大所选区域，如图 5.2 所示。

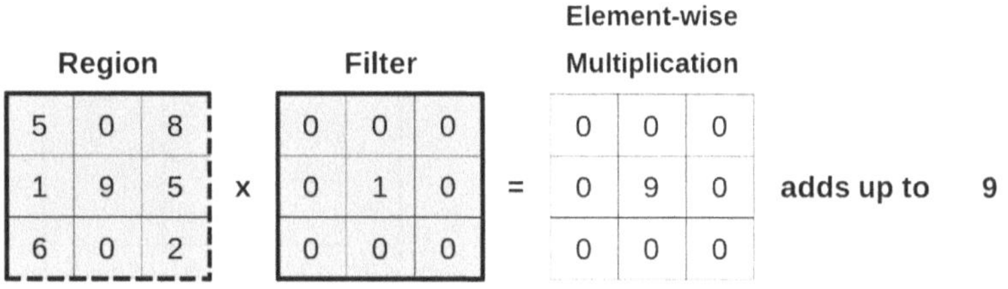

● 图 5.2　逐元素相乘

在代码中，必须对相应的区域进行**切片**(记住 NCHW 形状，所以在**最后**两个维度上进行操作)。

```
region = single[:, :, 0:3, 0:3]
filtered_region = region * identity
total = filtered_region.sum()
total
```

输出：

```
9
```

此时已经**完成**了图像的**第一个区域**。

 "等等，有9个像素值输入，但只有一个值输出！"

您说得完全正确！进行卷积会产生**尺寸减小**的图像。如果缩小到完整图像，很容易看出原因，如图 5.3 所示。

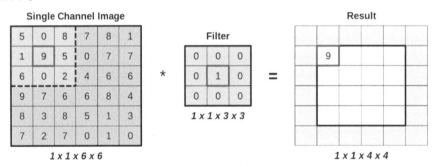

● 图 5.3 使用卷积缩小图像

由于滤波器被应用于灰色区域，并且使用了一个**恒等滤波器**，因此很容易看出它只是简单地复制了**区域中心的值**。其余的值只是简单地乘以 0 并且不求和。但即使进行了这一系列处理，也**不会改变**操作的**结果是单个值**的事实。

▶▶ 四处移动

接下来，**将区域向右移动一步**，即改变感受野，**再次应用滤波器**，如图 5.4 所示。

Single Channel Image

5	0	8	7	8	1
1	9	5	0	7	7
6	0	2	4	6	6
9	7	6	6	8	4
8	3	8	5	1	3
7	2	7	0	1	0

Move Region
1 step
to the right

Single Channel Image

5	0	8	7	8	1
1	9	5	0	7	7
6	0	2	4	6	6
9	7	6	6	8	4
8	3	8	5	1	3
7	2	7	0	1	0

1 x 1 x 6 x 6

● 图 5.4 逐步跨越图像

> 　　**移动的大小**(以像素为单位)称为**步幅**。在我们的示例中，步幅为 1。

在代码中这意味着正在**更改**输入图像的**切片**。

```
new_region = single[:, :, 0:3, (0+1):(3+1)]
```

但操作保持不变：首先，逐元素相乘，然后将生成矩阵的元素相加，如图 5.5 所示。

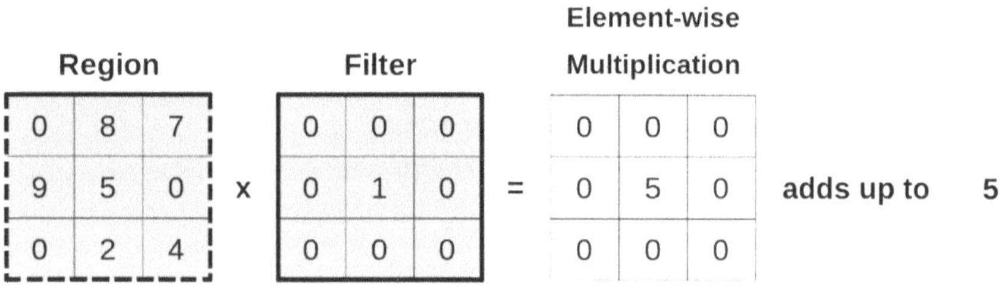

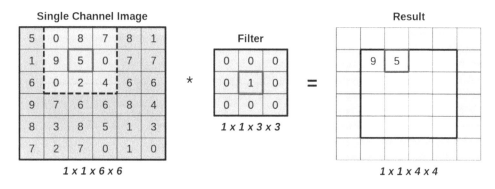

●图 5.5　逐元素相乘后相加

```
new_filtered_region = new_region * identity
new_total = new_filtered_region.sum()
new_total
```

输出：

```
5
```

将**第二个像素值**添加到生成的图像中，如图 5.6 所示。

●图 5.6　向右迈出一步

可以**继续向右移动灰色区域**，直到不能再移动它为止，如图 5.7 所示。

图 5.7 **右边的第 4 步**实际上将**部分**区域放置**在输入图像之外**。这是很大的一个**禁忌**。

```
last_horizontal_region = single[:, :, 0:3, (0+4):(3+4)]
```

所选区域**不再**与滤波器的形状**匹配**，如果尝试执行逐元素相乘则会失败。

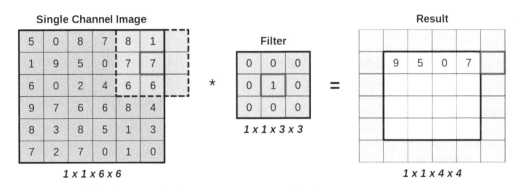

● 图 5.7　一个无效的步骤

```
last_horizontal_region * identity
```

输出：

```
---------------------------------------------------------------
ValueError Traceback (most recent call last)<ipython-input-9-fa0fcce9e228> in <module>
----> 1 last_horizontal_region * identity

ValueError: operands could not be broadcast together with shapes (1,1,3,2) (1,1,3,3)
```

▶ 形状

接下来，回到**左边**并向下**移动一步**。如果**重复以上操作**，覆盖**所有有效区域**，最终会得到一个**更小**的结果图像(在右边)，如图5.8所示。

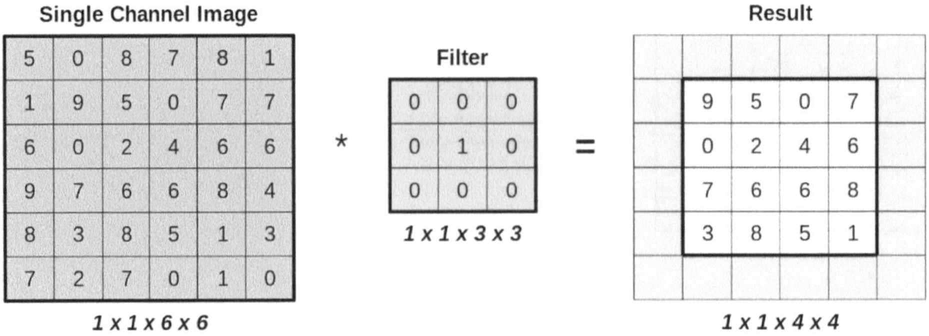

● 图 5.8　完全卷积

"它具体会小多少?"

这取决于**滤波器的大小**。

滤波器越大，生成的图像越小。

由于应用**滤波器**总是产生**单个值**，因此减少的数值等于**滤波器大小减 1**。如果输入图像具有 (h_i, w_i) 形状(现在忽略通道数)，并且滤波器具有 (h_f, w_f) 形状，则结果图像的形状由式 5.1 给出：

$$(h_i, w_i) * (h_f, w_f) = (h_i - (h_f - 1), w_i - (w_f - 1))$$

式 5.1　卷积后的形状

假设滤波器是一个**大小为 f 的方形矩阵**，可以将上面的表达式简化为：

$$(h_i, w_i) * f = (h_i - f + 1, w_i - f + 1)$$

式 5.2　卷积(方阵)后的形状

这样一来，滤波器的尺寸从 (f, f) 减少到 $(1, 1)$，所以这个操作把原来的尺寸减少了 $(f-1)$。

"但我想**保持**原图像大小，这可以吗?"

当然可以! 在这种情况下，**填充**可以解决该问题。我们将在后面的几节中再讨论这个问题。

在 PyTorch 中进行卷积

现在知道了卷积的工作原理，用 PyTorch 试试吧。首先，需要将图像和滤波器转换为张量。

```
image = torch.as_tensor(single).float()
kernel_identity = torch.as_tensor(identity).float()
```

由于**内核**和**滤波器**可以互换使用，特别是在涉及不同方法的参数时，我将变量称为 kernel_identity，尽管它与迄今为止使用的恒等滤波器完全相同。

就像在第 4 章中看到的激活函数一样，**卷积**也有两种形式：**函数式**和**模块式**。两者之间的一个根本区别是：**函数式**卷积把**内核/滤波器**作为一个参数，而**模块式卷积**用**权重**表示**内核/滤波器**。

使用函数式卷积 F.conv2d，将**恒等滤波器**应用于输入图像(注意，使用 stride = 1，因为每次移动的区域都是一个像素)。

```
convolved = F.conv2d(image, kernel_identity, stride=1)
convolved
```

输出：

```
tensor([[[[9., 5., 0., 7.],
          [0., 2., 4., 6.],
          [7., 6., 6., 8.],
          [3., 8., 5., 1.]]]])
```

正如预期的那样，得到了与上一节相同的结果。这里没有什么太大变化。

现在，将注意力转向 PyTorch 的卷积模块 nn.Conv2d。它有很多参数，关注前 4 个即可：

- in_channels：输入图像的通道数。

- out_channels：由卷积产生的通道数。
- kernel_size：（方形）卷积滤波器/内核的大小。
- stride：所选区域的移动大小。

这里有几件事需要注意。首先，**内核/滤波器本身没有参数**，只有一个 kernel_size 参数。

 实际的滤波器，即用于执行逐元素相乘的**方阵**，是由模块**学习**得到的。

其次，可以产生**多个通道**作为输出。这只是意味着该模块将学习**多个滤波器**。每个滤波器都会产生不同的**结果**，这里称为**通道**。

到目前为止，我们一直使用**单通道图像**作为输入，并对其应用**一个滤波器**（大小为 3×3），一次**移动一个像素**，从而产生**一个输出/通道**。在代码中可以实现这一点。

```
conv = nn.Conv2d(in_channels=1, out_channels=1, kernel_size=3, stride=1)
conv(image)
```

输出：

```
tensor([[[[-4.2000, -6.6859, -4.9735, -3.5615],
          [-1.2363, 0.5150, -1.8602, -4.7287],
          [-2.1209, -4.1894, -4.3694, -5.5897],
          [-4.3954, -6.1578, -4.5968, -5.0000]]]],
    grad_fn=<MkldnnConvolutionBackward>)
```

这些结果现在是杂乱的（您的结果可能与我的不同），因为卷积模块**随机**初始化了代表**内核/滤波器**的权重。

 这就是卷积模块的重点：它将自行**学习内核/滤波器**。

在传统的计算机视觉中，人们会为不同的**目的**开发不同的**滤波器**，如模糊、锐化、边缘检测等。

但是，与其尝试**手动设计一个滤波器**来解决给定问题，为什么不将**滤波器的定义**也**外包给神经网络**呢？这样一来，网络将提供滤波器，突出显示与现有任务相关的**特征**。生成的图像现在显示 grad_fn 属性也就不足为奇了：它将用于计算梯度，因此网络实际上可以学习如何更改代表滤波器的权重。

 "我们可以要求它同时学习**多个滤波器**吗？"

当然可以，这就是 out_channels 参数的作用。如果将其设置为 2，它将生成两个（随机初始化的）滤波器。

```
conv_multiple = nn.Conv2d(in_channels=1, out_channels=2, kernel_size=3, stride=1)
conv_multiple.weight
```

输出：

```
Parameter containing:
tensor([[[[ 0.0009, -0.1240, -0.0231],
          [-0.2259, -0.2288, -0.1945],
          [-0.1141, -0.2631, 0.2795]]],


        [[[-0.0662, 0.2868, 0.1039],
          [-0.2823, 0.2307, -0.0917],
          [-0.1278, -0.2767, -0.3314]]]], requires_grad=True)
```

看到了吗？有**两个**滤波器由 **3×3** 的权重矩阵表示 (您的值可能与我的不同)。

 即使您只有**一个通道作为输入**，也可以有**多个通道作为输出**。

 剧透警告：网络学习的滤波器将显示边缘、图案，甚至更复杂的形状 (如有时类似于人脸)。本章稍后将继续**可视化这些滤波器**。

我们还可以通过**设置权重来强制**卷积模块使用一个**特定的滤波器**。

```
with torch.no_grad():
    conv.weight[0] = kernel_identity                    ①
    conv.bias[0] = 0                                     ①
```

① weight[0] 和 bias[0] 是对该卷积层中第一个 (也是唯一的) 输出通道的索引。

 重要提示：设置权重是一个**严格的无梯度操作**，因此您应该**始终使用 no_grad 上下文管理器**。

在上面的代码片段中，强制模块使用目前的 (无实际作用的) 恒等滤波器。正如预期的那样，如果对输入图像进行卷积，将得到熟悉的结果。

```
conv(image)
```

输出：

```
tensor([[[[9., 5., 0., 7.],
          [0., 2., 4., 6.],
          [7., 6., 6., 8.],
          [3., 8., 5., 1.]]]], grad_fn=<MkldnnConvolutionBackward>)
```

 设置权重以获得特定的滤波器是**迁移学习**的核心。其他人训练了一个模型，该模型学习了很多有用的滤波器，所以**不必再次学习它们**。我们可以**设置相应的权重**，然后从那里开始进行操作。我们将在第 7 章的实践中看到这一点。

到目前为止，一直对相关的区域一次移动一个像素：步幅为 1。下面尝试**以 2 为步幅**进行移动，看看生成的图像会发生什么变化。我不会在这里复制第一步，因为它总是一样的：以数字 9 为中心的**灰色区域**。

第二步，如图 5.9 所示，显示**灰色区域**向右移动了**两个像素：步幅为 2**。

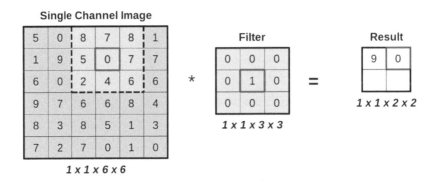

● 图 5.9 增加步幅

此外，请注意，如果再采取两个像素的步幅，灰色区域将**部分位于底层图像之外**。这在过去和现在都是**大忌**，所以在水平移动时只有两个有效的操作。当垂直移动时，最终也会发生同样的情况。向下移动两个像素的第一步很好，但第二步将再次失败。

在**仅有的 4 次有效操作**后，生成的图像如图 5.10 所示。

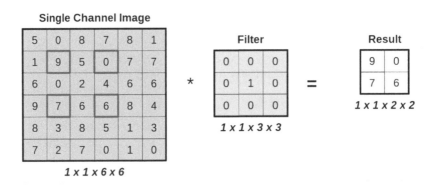

● 图 5.10 进一步缩小图像

恒等滤波器可能用处不大，但在强调卷积的内部工作时绝对**有用**。图 5.10 非常清楚地显示了生成图像中的像素值来自何处。

另外，请注意，使用**更大的步幅**会使生成图像的**形状更小**。

 步幅越大，生成的图像越小。

同样，这也是有道理的：如果**跳过**输入图像中的**像素**，那么应用滤波器的感兴趣区域就会减少。可以扩展之前的公式以包含**步幅大小**(s)。

$$(h_i, w_i) * f = \left(\frac{h_i - f + 1}{s}, \frac{w_i - f + 1}{s} \right)$$

式 5.3　带有步幅的卷积后的形状

正如之前看到的，**步幅**只是卷积的一个**参数**，所以使用 PyTorch 的函数式卷积来仔细检查结果：

```
convolved_stride2 = F.conv2d(image, kernel_identity, stride=2)
convolved_stride2
```

输出：

```
tensor([[[[9., 0.],
          [7., 6.]]]])
```

运行成功了！

到目前为止，执行的操作一直在**缩小图像**。那么，**将它们恢复到原来的尺寸怎么样？**

 填充

需要**填充原始图像**，以便它可以承受对其大小的"调整"。

　　"我如何填充一幅图像?"

很高兴您问这个问题！我们可以简单地在**它周围添加 0**。此时，一图胜千言，如图 5.11 所示。

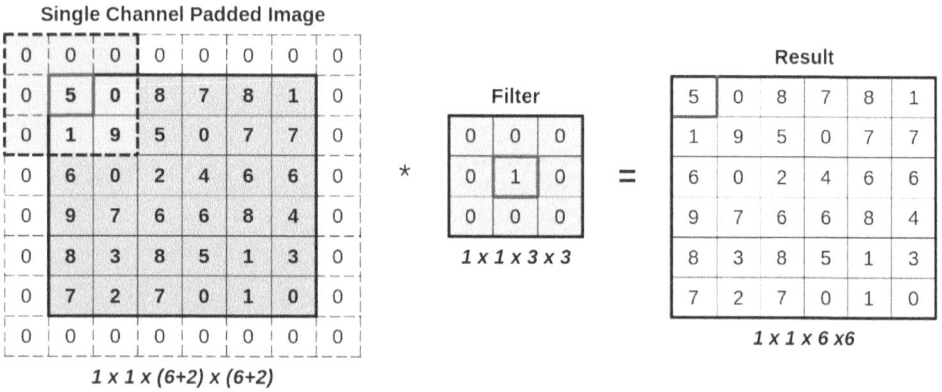

图 5.11　0 填充图像

明白了吗？通过在其周围添加 0 的列和行，**扩展了输入图像**，使得灰色区域**开始**以输入图像的**实际左上角为中心**。这个简单的技巧可用于**保持**图像的**原始大小**。

在代码中像往常一样，PyTorch 提供了两个选项：函数式（F.pad）和模块式（nn.ConstantPad2d）。这次从模块式版本开始操作。

```
constant_padder = nn.ConstantPad2d(padding=1, value=0)
constant_padder(image)
```

输出：

```
tensor([[[[0., 0., 0., 0., 0., 0., 0., 0.],
          [0., 5., 0., 8., 7., 8., 1., 0.],
          [0., 1., 9., 5., 0., 7., 7., 0.],
          [0., 6., 0., 2., 4., 6., 6., 0.],
          [0., 9., 7., 6., 6., 8., 4., 0.],
          [0., 8., 3., 8., 5., 1., 3., 0.],
          [0., 7., 2., 7., 0., 1., 0., 0.],
          [0., 0., 0., 0., 0., 0., 0., 0.]]]])
```

这里有两个参数：padding 表示要填充到图像中的列数和行数；value 用于填充这些新列和新行的值。也可以通过在表示(left, right, top, bottom)的填充参数中指定一个元组来进行**不对称填充**。因此，如果只在左侧和右侧填充图像，则参数为(1, 1, 0, 0)。

可以使用函数式填充来达到相同的结果。

```
padded = F.pad(image, pad=(1, 1, 1, 1), mode='constant', value=0)
```

在函数式版本中，**必须将填充指定为元组**。value 参数很简单，还有**另一个参数** mode，它被设置为**常量**以匹配上面的模块式版本。

在 PyTorch 的文档中，有一条关于使用填充时可能出现的可重复性问题的**注释**警告：
"使用 CUDA 后端时，此操作可能会在其反向传递中引发不确定性行为，这种行为不容易被关闭。请参阅关于可重复性的背景说明。"让我感到有点奇怪的是，如此简单的操作，在一系列流程中都会危及可重复性。想想看吧！

"还有哪些可用的模式?"

还有其他 3 种模式：replicate、reflect 和 circular。从可视化开始来看看它们，如图 5.12 所示。

Replication Padding

5	5	0	8	7	8	1	1
5	5	0	8	7	8	1	1
1	1	9	5	0	7	7	7
6	6	0	2	4	6	6	6
9	9	7	6	6	8	4	4
8	8	3	8	5	1	3	3
7	7	2	7	0	1	0	0
7	7	2	7	0	1	0	0

Reflection Padding

9	1	9	5	0	7	7	7
0	5	0	8	7	8	1	8
9	1	9	5	0	7	7	7
0	6	0	2	4	6	6	6
9	9	7	6	6	8	4	8
3	8	3	8	5	1	3	1
2	7	2	7	0	1	0	1
9	8	3	8	5	1	3	1

Circular Padding

0	7	2	7	0	1	0	7
1	5	0	8	7	8	1	5
7	1	9	5	0	7	7	1
6	6	0	2	4	6	6	6
9	9	7	6	6	8	4	9
3	8	3	8	5	1	3	8
0	7	2	7	0	1	0	7
1	5	0	8	7	8	1	5

● 图 5.12　填充模式

在**复制**填充中，被填充的像素将具有与**最接近的真实像素相同的值**。填充角将具有与真实角相同的值。其他列(左和右)和行(上和下)将**复制**原始图像的相应值。复制中使用的值是较深的橙色阴影。

在 PyTorch 中，可以使用 mode = " replicate" 的函数式形式 F.pad，或者使用模块式版本 nn.ReplicationPad2d。

```
replication_padder = nn.ReplicationPad2d(padding=1)
replication_padder(image)
```

输出：

```
tensor([[[[5., 5., 0., 8., 7., 8., 1., 1.],
          [5., 5., 0., 8., 7., 8., 1., 1.],
          [1., 1., 9., 5., 0., 7., 7., 7.],
          [6., 6., 0., 2., 4., 6., 6., 6.],
          [9., 9., 7., 6., 6., 8., 4., 4.],
          [8., 8., 3., 8., 5., 1., 3., 3.],
          [7., 7., 2., 7., 0., 1., 0., 0.],
          [7., 7., 2., 7., 0., 1., 0., 0.]]]])
```

在**反射**填充中，它变得有点棘手。这就像外面的列和行被用作反射轴一样。因此，**左边填充的那一列**(暂时忽略角)将**反射第二列**(因为第一列是反射轴)。右边的填充列也是如此的原理。同样，**顶部**填充行将**反射第二行**(因为第一行是反射轴)，并且对于底部填充行也是相同的原理。反射中使用的值是用较深的橙色阴影。**角**将具有与**原始图像的反射行和列的交点**相同的值。希望实际的图像可以比我的话更好地传达这个想法。

在 PyTorch 中，可以使用 mode = " reflect" 的函数式形式 F.pad，或者使用模块式版本 nn.reflectionpad2d。

```
reflection_padder = nn.ReflectionPad2d(padding=1)
reflection_padder(image)
```

输出：

```
tensor([[[[9., 1., 9., 5., 0., 7., 7., 7.],
          [0., 5., 0., 8., 7., 8., 1., 8.],
          [9., 1., 9., 5., 0., 7., 7., 7.],
          [0., 6., 0., 2., 4., 6., 6., 6.],
          [7., 9., 7., 6., 6., 8., 4., 8.],
          [3., 8., 3., 8., 5., 1., 3., 1.],
          [2., 7., 2., 7., 0., 1., 0., 1.],
          [3., 8., 3., 8., 5., 1., 3., 1.]]]])
```

在**循环**填充中，**最左侧(最右侧)的列**被复制为**最右侧(最左侧)填充列**(暂时忽略角)。同样，**最上面(最下面)的行**被复制为**最下面(最上面)填充行**。角将接收到**截然相反的角**的值：左上角像素接收原始图像的右下角的值。再次，填充中使用的值是较深的橙色阴影。

在 PyTorch 中，只能使用 mode = " circular" 的**函数式形式 F.pad**，而**没有循环填充的模块式版本**(在写作本书时)。

```
F.pad(image, pad=(1, 1, 1, 1), mode='circular')
```

输出：

```
tensor([[[[0., 7., 2., 7., 0., 1., 0., 7.],
          [1., 5., 0., 8., 7., 8., 1., 5.],
          [7., 1., 9., 5., 0., 7., 7., 1.],
          [6., 6., 0., 2., 4., 6., 6., 6.],
          [4., 9., 7., 6., 6., 8., 4., 9.],
          [3., 8., 3., 8., 5., 1., 3., 8.],
          [0., 7., 2., 7., 0., 1., 0., 7.],
          [1., 5., 0., 8., 7., 8., 1., 5.]]]])
```

通过**填充**图像，如果您选择将越来越多的行和列填充至输入图像，则可以获得具有与**输入图像相同形状**的**结果图像（甚至更大）**。假设正在做**大小为 p 的对称填充**，得到的形状由下式给出。

$$(h_i, w_i) * f = \left(\frac{(h_i + 2p) - f}{s} + 1, \frac{(w_i + 2p) - f}{s} + 1 \right)$$

式 5.4　带有步幅和填充的卷积后的形状

基本上将原始尺寸扩展了 $2p$ 个像素。

▶ 真正的滤波器

此处先不考虑恒等滤波器，而是尝试使用传统计算机视觉中的**边缘检测**[88]滤波器进行更改。

```
edge = np.array(
    [[[[0, 1, 0],
       [1, -4, 1],
       [0, 1, 0]]]]
)
kernel_edge = torch.as_tensor(edge).float()
kernel_edge.shape
```

输出：

```
torch.Size([1, 1, 3, 3])
```

将它应用到（填充的）输入图像的不同区域内，如图 5.13 所示。

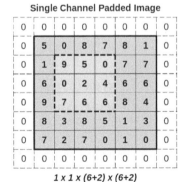 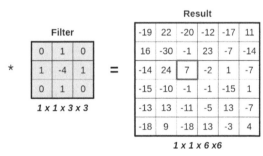

● 图 5.13　卷积填充的图像——没有缩小

如您所见，除了恒等滤波器之外，其他的滤波器**不会简单地复制**中心的值。逐元素相乘最终意味着什么，如图5.14所示。

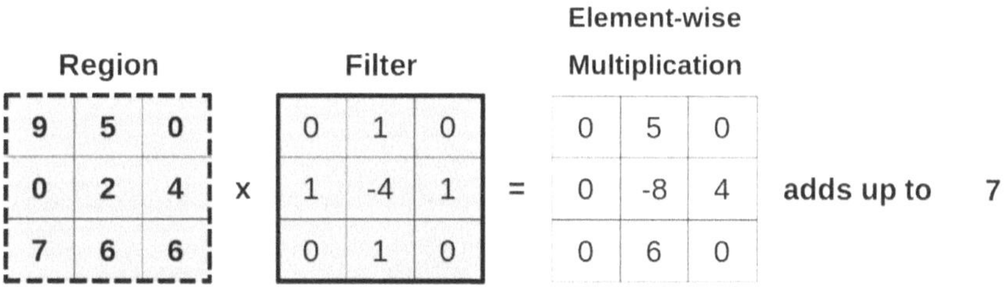

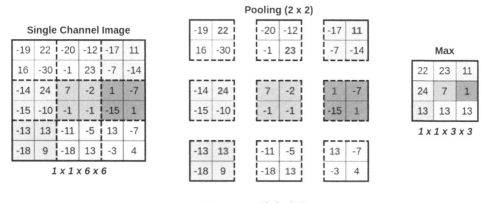

● 图 5.14　逐元素相乘——边缘滤波器

将此滤波器应用于图像，以便可以在下一个操作中使用生成的图像。

```
padded = F.pad(image, (1, 1, 1, 1), mode='constant', value=0)
conv_padded = F.conv2d(padded, kernel_edge, stride=1)
```

 池化

现在又开始**缩小图像**了。池化与以前的操作不同：它**将图像分割成小块，对每块执行某种操作**（产生单个值），然后**将这些块放在一起**作为结果图像。同样，一图胜千言，如图5.15所示。

● 图 5.15　最大池化

在图5.15中，正在执行一个**内核大小为2的最大池化**。尽管这些滤波器与已经看到的滤波器并不完全相同，但它仍然被称为**内核**。

 在此示例中，假定**步幅**与**内核大小相同**。

输入图像被**分割**成9块，对每块执行一个简单的**最大操作**（因此叫最大池化，实际上它只是取每块中的最大值）。然后将这些值放在一起，以生成**更小的结果图像**。

池化内核越大，生成的图像越小。

2×2 的池化内核会生成尺寸为原始图像一半的图像。3×3 的池化内核使生成的图像大小为原始图像的三分之一，依此类推。此外，只计算**完整的块**：如果在 6×6 图像中尝试 4×4 的内核，则只有**一个块**适合，并且生成的图像将具有**单个像素**。

在 PyTorch 中，像之前一样有两种形式：F.max_pool2d 和 nn.MaxPool2d。使用函数式形式来复制图 5. 15 中的最大池化。

```
pooled = F.max_pool2d(conv_padded, kernel_size=2)
pooled
```

输出：

```
tensor([[[[22., 23., 11.],
        [24., 7., 1.],
        [13., 13., 13.]]]])
```

然后使用模块式版本来说明大的 4×4 池化。

```
maxpool4 = nn.MaxPool2d(kernel_size=4)
pooled4 = maxpool4(conv_padded)
pooled4
```

输出：

```
tensor([[[[24.]]]])
```

如同上面分析的那样，只有一个像素。

 "我可以进行**其他操作**吗?"

当然可以! 除了最大池化之外，**平均池化**也相当普遍。顾名思义，它将输出每块的**平均像素值**。在 PyTorch 中有 F.avg_pool2d 和 nn.AvgPool2d 两种形式。

 "我可以使用**不同大小的步幅**吗?"

当然可以! 在这种情况下，区域之间会有**重叠**，而不是干净地分割成几块。因此，它看起来像卷积的常规内核，但**操作已经定义**(如最大值或平均值)。下面看一个简单的例子。

```
F.max_pool2d(conv_padded, kernel_size=3, stride=1)
```

输出：

```
tensor([[[[24., 24., 23., 23.],
        [24., 24., 23., 23.],
        [24., 24., 13., 13.],
        [13., 13., 13., 13.]]]])
```

大小为 3×3 的最大池化内核将在图像上移动(就像卷积内核一样) ，并计算它所经过的每个区域的最大值。生成的形状遵循式 5.4 的规定。

 展平

我们在之前已经接触这个概念了，它只是将张量**展平**，保留第一个维度，以便**保留数据点的数量**，同时折叠所有其他维度。它有一个模块式版本 nn.Flatten。

```
flattened = nn.Flatten()(pooled)
flattened
```

输出：

```
tensor([[22., 23., 11., 24., 7., 1., 13., 13., 13.]])
```

它**没有也不需要函数式版本**，因为可以使用 view 完成同样的事情。

```
pooled.view(1, -1)
```

输出：

```
tensor([[22., 23., 11., 24., 7., 1., 13., 13., 13.]])
```

 维度

因为处理的是图像，所以在**二维**中执行了卷积、填充和池化。但其中也有**一维**和**三维**版本。

- nn.Conv1d 和 F.conv1d；nn.Conv3d 和 F.conv3d。
- nn.ConstandPad1d 和 nn.ConstandPad3d。
- nn.ReplicationPad1d 和 nn.ReplicationPad3d。
- nn.ReflectionPad1d。
- nn.MaxPool1d 和 F.max_pool1d；nn.MaxPool3d 和 F.max_pool3d。
- nn.AvgPool1d 和 F.avg_pool1d；nn.AvgPool3d 和 F.avg_pool3d。

在本书中不会贸然涉及三维，但稍后会回到**一维**操作。

 *"彩色图像既然有**三个通道**，不就是**三维**的吗?"*

嗯，是的，但我们**仍然**会对它们应用**二维卷积**。在下一章中将给出一个使用三通道图像的详细示例。

典型架构

典型架构是使用一个或多个**典型卷积块的序列**，每个块由以下 3 个操作组成。

1）卷积。

2）激活函数。

3）池化。

当图像经过这些操作时，它们的**尺寸会缩小**。例如，经过 3 个这样的块（假设池化的内核大小为 2）之后，图像将减少到其原始尺寸的 1/8 或更少（因此是其总像素数的 1/64）。但是，每块产生的**通道/滤波器的数量**通常会随着添加更多块而**增加**。

在块序列之后，图像被**展平**：希望在这个阶段，把展平张量中的**每个值**看作是其本身的**一个特征**，不会有信息损失。

一旦特征与像素分离，它就变成了一个相当标准的问题，就像在本书中处理的那样：特征为**一个或多个隐藏层**提供信息，并且**输出层**产生用于分类的 **logit**。

 如果您想一想，那些**典型的卷积块**所做的事情类似于**预处理图像**，并**将它们转换为特征**。将网络的这一部分称为**特征化器**（生成特征的部分）。

分类本身由您熟悉且常用的**隐藏层和输出层**处理。在**迁移学习**中（将在第 7 章中讲解），这一点将显得更加清楚。

 LeNet-5

LeNet-5 是 Yann LeCun 于 1998 年开发的一个 7 级卷积神经网络，用于识别像素大小为 28×28 图像中的手写数字——常用的 **MNIST** 数据集。1989 年，LeCun 自己使用反向传播（链式梯度下降）来**学习卷积滤波器**，正如我们上面讨论的，而不用煞费苦心地手动开发它们。

它的网络有图 5.16 所示的架构。

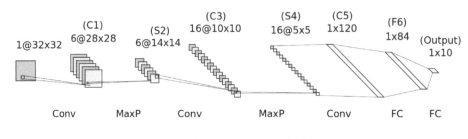

● 图 5.16　LeNet-5 架构

来源：使用 Alexander Lenail 的 NN-SVG 生成并由作者修改。有关详细信息，请参见 LeCun, Y. 等人（1998 年）的
"Gradient-based learning applied to document recognition". Proceedings of the IEEE, 86(11), 2278-2324[89]

您看到什么熟悉的内容了吗？此时，**典型的卷积块已经存在**（在某种程度上）：卷积（**C** 层）、

激活函数(未显示)和子采样(S 层)。但是有一些**区别**：

- 之前的**子采样**比此处的**最大池化更复杂**，但总体思路仍然成立。
- **激活函数**(当时是 Sigmoid)是在二次**采样**之后而不是之前应用的，而在此处是典型的。
- F6 层和输出(OUTPUT)层通过一种叫作"**高斯连接**"的东西连接起来，这也比现在使用的**典型激活函数更复杂**。

为使 LeNet-5 适应当今的标准，可以如下这样来实现。

```
lenet = nn.Sequential()

#特征化器
#模块 1:1@28x28 -> 6@28x28 -> 6@14x14
lenet.add_module('C1',
nn.Conv2d(in_channels=1, out_channels=6, kernel_size=5, padding=2)
)
lenet.add_module('func1', nn.ReLU())
lenet.add_module('S2', nn.MaxPool2d(kernel_size=2))
#模块 2:6@14x14 -> 16@10x10 -> 16@5x5
lenet.add_module('C3', nn.Conv2d(in_channels=6, out_channels=16, kernel_size=5))
lenet.add_module('func2', nn.ReLU())
lenet.add_module('S4', nn.MaxPool2d(kernel_size=2))
#模块 3:16@5x5 -> 120@1x1
lenet.add_module('C5', nn.Conv2d(in_channels=16, out_channels=120, kernel_size=5))
lenet.add_module('func2', nn.ReLU())
#展平
lenet.add_module('flatten', nn.Flatten())


#分类
#隐藏层
lenet.add_module('F6', nn.Linear(in_features=120, out_features=84))
lenet.add_module('func3', nn.ReLU())
#输出层
lenet.add_module('OUTPUT', nn.Linear(in_features=84, out_features=10))
```

LeNet-5 使用了**3 个卷积块**，尽管最后一个没有最大池化，因为**卷积已经产生了单个像素**。关于通道的数量，它们随着图像尺寸的减小而增加。

- 输入图像：单通道 28×28 像素。
- 第一块：产生 6 通道 14×14 像素。
- 第二块：产生 16 通道 5×5 像素。
- 第三块：产生 120 通道单像素(1×1)。

然后，这 120 个值(或特征)被**展平**并送入具有 84 个单元的典型隐藏层。最后一步显然是输出层，它产生**10 个 logit** 用于**数字分类**(从 0 到 9，有 10 个类)。

"等等，**还没有**看到任何**多类**分类问题呢!"

您问对了，是时候讲解这部分知识了。但此时不用使用 MNIST。

多类分类问题

如果有**两个以上的类**，则将问题视为**多类**分类问题。因此，尽可能简单地构建一个模型，**将图像分为 3 类**。

数据生成

图像将有对角线或平行线，但这次将区分**向右倾斜的对角线**、**向左倾斜的对角线**和**平行线**（如果它是水平的或垂直的）。可以这样总结**标签**（y）。

线	标签/类索引
平行线（水平或垂直）	0
对角线，向右倾斜	1
对角线，向左倾斜	2

此外，生成**更多更大的图像**：1000 幅图像，每幅图像大小为 10×10 像素，如图 5.17 所示。

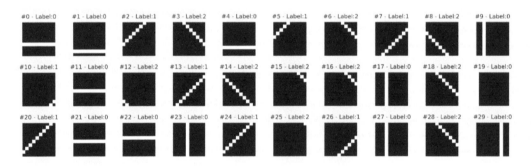

● 图 5.17 生成的数据集

数据生成

```
images, labels = generate_dataset(img_size=10, n_images=1000, binary=False, seed=17)

fig = plot_images(images, labels, n_plot=30)
```

就像第 4 章一样，数据集是按照 PyTorch 的格式生成的 **NCHW**。

数据准备

如果没有**任何更改**，数据准备步骤将与我们在第 4 章中使用的步骤相同：这次我们将**不会执行数据增强**。

"为什么不执行数据增强？"

在我们的特定问题中，**翻转图像**可能会**破坏标签**。如果有一幅包含**向右倾斜**的对角线的图像（标记为类索引 1），并且**翻转它**，则对角线**最终会向左倾斜**。但是数据增强**不会更改标签**，因此结果是带有**错误标签**的图像（类索引 1，即使它包含向左倾斜的对角线）。

 数据增强可能有用，但它**不应该产生与其标签不一致**的图像。

也就是说，只是使用 Normalize 变换保持**最小-最大缩放**。其余的都保持不变：拆分、数据集、采样器和数据加载器。

转换后的数据集

```
1  class TransformedTensorDataset(Dataset):
2      def __init__(self, x, y, transform=None):
3          self.x = x
4          self.y = y
5          self.transform = transform
6
7      def __getitem__(self, index):
8          x = self.x[index]
9
10         if self.transform:
11             x = self.transform(x)
12
13         return x, self.y[index]
14
15     def __len__(self):
16         return len(self.x)
```

数据准备

```
1  #在拆分之前从 Numpy 数组构建张量
2  #将像素值的比例从[0, 255]修改为[0, 1]
3  x_tensor = torch.as_tensor(images / 255).float()
4  y_tensor = torch.as_tensor(labels).long()
5
6  #使用 index_splitter
7  #为训练集和验证集生成索引
8  train_idx, val_idx = index_splitter(len(x_tensor), [80, 20])
9  #使用索引执行拆分
10 x_train_tensor = x_tensor[train_idx]
11 y_train_tensor = y_tensor[train_idx]
12 x_val_tensor = x_tensor[val_idx]
13 y_val_tensor = y_tensor[val_idx]
14
```

```
15  #现在不做任何数据增强
16  train_composer = Compose([Normalize(mean=(.5,), std=(.5,))])
17  val_composer = Compose([Normalize(mean=(.5,), std=(.5,))])
18
19  #使用自定义数据集将组合转换应用于每个集合
20  train_dataset = TransformedTensorDataset(x_train_tensor, y_train_tensor,
21                          transform=train_composer)
22  val_dataset = TransformedTensorDataset(x_val_tensor, y_val_tensor,
23                          transform=val_composer)
24
25  #构建一个加权随机采样器来处理不平衡类
26  sampler = make_balanced_sampler(y_train_tensor)
27
28  #在训练集中使用采样器来获得平衡的数据加载器
29  train_loader = DataLoader(dataset=train_dataset, batch_size=16,
30  sampler=sampler)
31  val_loader = DataLoader(dataset=val_dataset, batch_size=16)
```

在定义一个模型来对图像进行分类之前，需要讨论一些相关的内容：**损失函数**。

新的问题，引出损失。由于现在采用**多类**分类，因此需要使用**不同的损失**。而且，这一切都始于"**最实用的**"主题：**logit**。

logit

在二元分类问题中，模型将为每个数据点生成**一个 logit**，并且仅生成一个 logit。这是有道理的，二元分类是关于回答一个简单的问题：**给定的数据点是否属于正类？**

logit 输出表示对上述问题回答"**是**"的**对数比值比**（还记得吗？）。答案"**否**"的对数比值比只是相反。**无须**提出任何其他问题即可做出决定。使用 **Sigmoid 函数**将 logit 映射为**概率**。这是一个简单的过程。

但是**多类分类**更复杂：需要**提出更多问题**，也就是说，需要**为每个可能的类获取对数比值比**。换句话说，需要**和类一样多的 logit**。

"但是一个 Sigmoid 只需要**一个 logit**。我想需要别的东西来获得概率，对吗？"

完全正确！在这里要找的函数为 **softmax**。

softmax

对于每个类，**softmax** 函数返回给定类对**比值比总和的贡献**。具有**较高比值比**的类别将具有**最大的贡献**，因此**概率最高**。

由于 **softmax** 是使用**比值比**而不是**对数比值比**（logit）计算的，因此需要对 **logit 取幂**。

$$z = \text{logit}(p) = \text{对数比值比}(p) = \log\left(\frac{P}{1-P}\right)$$

$$e^z = e^{\text{logit}(p)} = \text{比值比}(p) = \frac{p}{1-p}$$

式 5.5　logit 和比值比

softmax 公式**本身**很简单：

$$\text{softmax}(z_i) = \frac{e^{z_i}}{\sum_{C=0}^{C-1} e^{z_c}}$$

式 5.6　softmax 公式

在上式中，C 代表**类的数量**，i 对应特定类的索引。在我们的示例中，有 **3 个类**，因此模型需要**输出 3 个 logit**（z_1、z_2、z_3）。将 **softmax** 应用于这些 logit，会得到：

$$\text{softmax}(z) = \left[\frac{e^{z_0}}{e^{z_0}+e^{z_1}+e^{z_2}}, \frac{e^{z_1}}{e^{z_0}+e^{z_1}+e^{z_2}}, \frac{e^{z_2}}{e^{z_0}+e^{z_1}+e^{z_2}}\right]$$

式 5.7　用于 3 个类的分类问题的 softmax

看似很简单，对吧？现在在代码中看到它。假设模型生成包含 3 个 logit 的张量。

```
logits = torch.tensor([ 1.3863, 0.0000, -0.6931])
```

对 **logit 取幂**以获得相应的**比值比**：

```
odds_ratios = torch.exp(logits)
odds_ratios
```

输出：

```
tensor([4.0000, 1.0000, 0.5000])
```

由此产生的张量告诉我们，第一类的比值比其他两个高得多，而第二类的比值比第三类高。所以把**这些比值加在一起**，然后计算**每个类对总和的贡献**。

```
softmaxed = odds_ratios / odds_ratios.sum()
softmaxed
```

输出：

```
tensor([0.7273, 0.1818, 0.0909])
```

可见，logit 被 **softmax 了**：**概率与比值比成正比**。该数据点很可能属于第一类，因为它的概率为 72.73%。

当然，此处不需要手动计算。PyTorch 提供了典型的实现方法：函数式（F.softmax）和模块式（nn.Softmax）。

```
nn.Softmax(dim=-1)(logits), F.softmax(logits, dim=-1)
```

输出：

```
(tensor([0.7273, 0.1818, 0.0909]), tensor([0.7273, 0.1818, 0.0909]))
```

在这两种情况下，它都会要求您提供 softmax 函数应该应用于**哪个维度**。一般来说，模型将生成具有形状(**如数据点数、类数等**)的 logit，因此应用 softmax 的正确维度是**最后一个(dim=-1)**。

LogSoftmax

LogSoftmax 函数返回 **softmax 函数的对数**。但是，PyTorch 提供了开箱即用的 F.log_softmax 和 nn.LogSoftmax，而不是手动取对数。

这些函数速度**更快**，并且具有更好的数值特性。但是，我想您此时想问的问题如下。

"为什么我需要获**取** softmax 的**对数**?"

简单直接的原因是，损失函数期望将**对数概率**作为输入。

负对数似然损失

由于 softmax 返回**概率**，所以 LogSoftmax 返回**对数概率**。这就是计算负对数似然损失或简称为 NLLLoss 的输入。这种损失只是**二元交叉熵损失的扩展，用以处理多个类**。

下面是计算**二元交叉熵**的公式。

$$\mathrm{BCE}(y) = -\frac{1}{N_{\text{正}} + N_{\text{负}}} \Big[\sum_{i=1}^{N_{\text{正}}} \log(P(y_i = 1)) + \sum_{i=1}^{N_{\text{负}}} \log(1 - P(y_i = 1)) \Big]$$

式 5.8　二元交叉熵

看到求和项中的**对数概率**了吗? 在我们的示例中有 **3 个类**，也就是说，**标签**(y)可以是 **0**、**1** 或 **2**。因此，损失函数将如下所示。

$$\mathrm{NLLLoss}(y) = -\frac{1}{N_0 + N_1 + N_2} \Big[\sum_{i=1}^{N_0} \log(P(y_i = 0)) + \sum_{i=1}^{N_1} \log(P(y_i = 1)) + \sum_{i=1}^{N_2} \log(P(y_i = 2)) \Big]$$

式 5.9　三类分类问题的负对数似然损失

以第一类($y=0$)为例。对于属于该类的每个数据点(其中有N_0个)，取**该点和类的预测概率的对数**($\log(P(y_i=0))$)，并将它们全部加起来。接下来，对其他两个类重复该过程，将所有 3 个结果相加，然后除以数据点的总数。

损失**只考虑真实类的预测概率**。

如果一个数据点被标记为属于类索引 2，则损失将**仅考虑分配给类索引 2 的概率**。其他概率将被完全忽略。

对于所有 C 个类，公式可以写成这样。

$$\mathrm{NLLLoss}(y) = -\frac{1}{N_0 + \cdots + N_{C-1}} \sum_{c=0}^{C-1} \sum_{i=1}^{N_c} \log(P(y_i = c))$$

式 5.10　C 类分类问题的负对数似然损失

由于**对数概率**是通过应用 **LogSoftmax** 获得的，因此这种损失只不过是**查找对应于真实类的输入**并将它们相加而已。在代码中可以看到这一点。

```
log_probs = F.log_softmax(logits, dim=-1)
log_probs
```

输出：

```
tensor([-0.3185, -1.7048, -2.3979])
```

这些是使用 **LogSoftmax** 为**单个数据点**计算的**每个类**的对数概率。现在，假设它的**标签是 2**，那么对应的损失是多少？

```
label = torch.tensor([2])
F.nll_loss(log_probs.view(-1, 3), label)
```

输出：

```
tensor(2.3979)
```

它是对应于**真实标签**的**类索引** 2 的**对数概率的负数**。

您可能已经注意到，我在上面的代码片段中使用了损失函数的函数式版本：F.nll_loss。但是，正如在第 3 章中对二元交叉熵损失所做的那样，可能会使用模块式版本：nn.NLLLoss。

就像以前一样，这个损失函数是一个高阶函数，这个函数接受 3 个**可选**参数（其他的已弃用，您可以放心地忽略它们）。

- reduction：取 mean、sum 或 none。默认值 mean 对应于前面的**式 5.10**。正如预期的那样，sum 将返回错误的总和，而不是平均值。最后一个选项 none 对应于**未简化**的形式，即它返回**完整的误差数组**。

- weight：它采用长度为 C 的张量，即包含与类一样多的权重。

 重要提示：此参数可**用于处理不平衡数据集**，这与在之前章节中看到的二元交叉熵损失中的 weight 参数不同。此外，与 BCEWithLogitsLoss 的 pos_weight 参数**不同**，NLLLoss 在使用此参数时**计算真实加权平均值**。

- ignore_index：它采用**一个整数**，对应计算损失时**应该忽略的一个**（也是唯一一个）**类索引**。它可用于**屏蔽**与分类任务无关的**特定标签**。

使用上面的参数看一些简单的例子。首先，需要生成一些虚拟 logit（不过，我们将继续使用 3 个类）和相应的对数概率。

```
torch.manual_seed(11)
dummy_logits = torch.randn((5, 3))
dummy_labels = torch.tensor([0, 0, 1, 2, 1])
dummy_log_probs = F.log_softmax(dummy_logits, dim=-1)
dummy_log_probs
```

输出：

```
tensor([[-1.5229, -0.3146, -2.9600],
        [-1.7934, -1.0044, -0.7607],
        [-1.2513, -1.0136, -1.0471],
        [-2.6799, -0.2219, -2.0367],
        [-1.0728, -1.9098, -0.6737]])
```

可以手动选择将在损失计算中**实际使用**的对数概率吗?

```
relevant_log_probs = torch.tensor([-1.5229, -1.7934, -1.0136, -2.0367, -1.9098])
-relevant_log_probs.mean()
```

输出:

```
tensor(1.6553)
```

现在使用 nn.NLLLoss 来创建实际的损失函数，然后使用预测和标签来检查是否得到了相关的对数概率。

```
loss_fn = nn.NLLLoss()
loss_fn(dummy_log_probs, dummy_labels)
```

输出:

```
tensor(1.6553)
```

上面问题的答案是确实可以。如果想**平衡**数据集，给带有**标签**($y = 2$)的数据点赋予其他类**两倍的权重**该怎么办?

```
loss_fn = nn.NLLLoss(weight=torch.tensor([1., 1., 2.]))
loss_fn(dummy_log_probs, dummy_labels)
```

输出:

```
tensor(1.7188)
```

如果想**简单地忽略**带有**标签**($y = 2$)的数据点该怎么办?

```
loss_fn = nn.NLLLoss(ignore_index=2)
loss_fn(dummy_log_probs, dummy_labels)
```

输出:

```
tensor(1.5599)
```

此外，还有**另一个**可用于多类分类的损失函数。而且，再次强调，知道**何时使用其中一个非常重要**，这样您就不会最终得到不一致组合的模型和损失函数。

交叉熵损失

前一个损失函数将对数概率作为参数(显然与标签一起)。猜猜这个函数需要什么? 答案还是**logit**，当然，这是 nn.BCEWithLogitsLoss 的多类版本。

 "实际上，这意味着什么?"

这意味着您在使用此损失函数时**不应添加 LogSoftmax 作为模型的最后一层**。这种损失将 **LogSoftmax 层和以前的负对数似然损失合并为一个**。

> **重要提示**：您**必须**使用**模型和损失函数的正确组合**。
>
> 选项 1：nn.LogSoftmax 作为**最后**一层，这意味着您的模型正在生成**对数概率**，并结合 nn.NLLLoss 函数。
>
> 选项 2：最后一层**没有 LogSoftmax**，这意味着您的模型正在生成 **logit**，并结合 nn.CrossEntropyLoss 函数。混合 nn.LogSoftmax 和 nn.CrossEntropyLoss 是**错误的**。

现在，参数的区别已经很明显了，仔细看看 nn.CrossEntropyLoss 函数。它也是一个高阶函数，采用与 nn.NLLLoss **相同的 3 个可选参数**：

- reduction：取 mean、sum 或 none，默认为 mean。
- weight：它采用长度为 C 的张量，即包含与类一样多的权重。
- ignore_index：它采用**一个整数**，对应于**一个**（**也是唯一的一个**）应该被忽略的类索引。

快速看看它的一个使用示例，将虚拟 logit 作为输入。

```
torch.manual_seed(11)
dummy_logits = torch.randn((5, 3))
dummy_labels = torch.tensor([0, 0, 1, 2, 1])

loss_fn = nn.CrossEntropyLoss()
loss_fn(dummy_logits, dummy_labels)
```

输出：

```
tensor(1.6553)
```

正如预期的那样，没有任何 LogSoftmax，但产生的损失相同。

▶ 分类损失总结

客观地说，我一直觉得这一学习过程有很多令人困惑的地方，尤其是对于第一次学习它的读者。

哪些损失函数将 logit 作为输入？我是否应该添加（log）softmax 层？我可以使用 weight 参数来处理不平衡的数据集吗？显然，对于初学者来说有太多问题。

所以，这里有一个**表格**，可以帮助您找出分类问题的损失函数，包括二分类和多分类。

	BCE 损失	logit 的 BCE 损失	NLL 损失	交叉熵损失
分类	二分类	二分类	多分类	多分类
输入（每个数据点）	概率	logit	对数概率数组	logit 数组
标签（每个数据点）	浮点（0.0 或 1.0）	浮点（0.0 或 1.0）	长整型（类索引）	长整型（类索引）
模型的最后一层	Sigmoid	–	LogSoftmax	–
weight 参数	不是类权重	不是类权重	类权重	类权重
pos_weight 参数	n/a	可权重的损失	n/a	n/a

模型配置

下面构建一个**卷积神经网络**。可以使用**典型的卷积块**：卷积层、激活函数、池化层。此处的图像非常**小**，所以只需要**其中一个**。

首先需要决定卷积层将产生**多少个通道**。一般来说，通道的数量随着每个卷积块的增加而**增加**。为了简单起见(以及后来的可视化)，**保留一个通道**。

还需要确定**内核大小**(即表现为本章开始图中的**感受野**或灰色区域)。坚持使用 **3** 的内核大小，这会在**每个维度上将图像大小减少两个像素**(在这里没有使用填充)。

特征化器使用卷积将图像编码为特征，如下所示。

模型配置——特征化器

```
1   torch.manual_seed(13)
2   model_cnn1 = nn.Sequential()
3
4   #特征化器
5   #模块 1:1@10x10 -> n_channels@8x8 -> n_channels@4x4
6   n_channels = 1
7   model_cnn1.add_module('conv1', nn.Conv2d(
8       in_channels=1, out_channels=n_channels, kernel_size=3
9   ))
10  model_cnn1.add_module('relu1', nn.ReLU())
11  model_cnn1.add_module('maxp1', nn.MaxPool2d(kernel_size=2))
12  #展平:n_channels * 4 * 4
13  model_cnn1.add_module('flatten', nn.Flatten())
```

我将通道数保留为变量，因此如果您喜欢，您可以尝试不同的值。

看看输入图像(单通道，大小为 10×10 像素——1@10×10)会发生什么情况：

- 图像与内核进行**卷积**，得到的图像有一个通道，大小为 8×8 像素(1@8×8)。
- ReLU 激活函数应用于生成的图像。
- "激活"的图像进行**最大池化**操作，内核大小为 2，因此它被分成 **16 个**大小为 2×2 的**块**，产生一个具有一个通道但大小为 4×4 像素的图像(1@4×4)。
- 这 16 个值可以被视为**特征**，并被**展平**为具有 16 个元素的张量。

模型的下一部分，即**分类器**部分，使用这些特征来供给一个简单的神经网络，如果单独考虑的话，这个神经网络只有一个隐藏层。

模型配置——分类器

```
1   #分类
2   #隐藏层
3   model_cnn1.add_module('fc1',
4       nn.Linear(in_features=n_channels * 4 * 4, out_features=10)
5   )
6   model_cnn1.add_module('relu2', nn.ReLU())
7   #输出层
8   model_cnn1.add_module('fc2', nn.Linear(in_features=10, out_features=3))
```

看到了吗？有一个隐藏层将 16 个特征作为输入，并将它们映射到一个 10 维空间，该空间将被 ReLU"激活"。

然后，输出层产生 **10 个激活值的 3 个不同的线性组合**，每个组合对应一个不同的类。图 5.18 描绘了模型的后半部分，您应该看得更清楚。

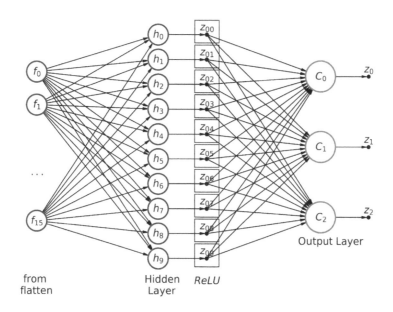

图 5.18　带有 softmax 输出的分类器

输出层中的 3 个单元产生 **3 个 logit**，每个类（C_0、C_1 和 C_2）一个。可以在模型中添加一个 nn. LogSoftmax 层，它将 3 个 logit 转换为对数概率。

由于模型产生 logit，所以**必须**使用 nn.CrossEntropyLoss 函数。

模型配置——损失和优化器

```
1  lr = 0.1
2  multi_loss_fn = nn.CrossEntropyLoss(reduction='mean')
3  optimizer_cnn1 = optim.SGD(model_cnn1.parameters(), lr=lr)
```

然后像往常一样创建具有给定学习率（0.1）的优化器（SGD）。很枯燥，对吧？不用担心，最终会在下一章的"*石头、剪刀、布*"分类问题中**更改优化器**。

▶ 模型训练

这部分内容非常简单。首先，实例化类，并设置加载器。

模型训练

```
1  sbs_cnn1 = StepByStep(model_cnn1, multi_loss_fn, optimizer_cnn1)
2  sbs_cnn1.set_loaders(train_loader, val_loader)
```

然后，对其进行 20 个周期的训练，并可视化损失，如图 5.19 所示。

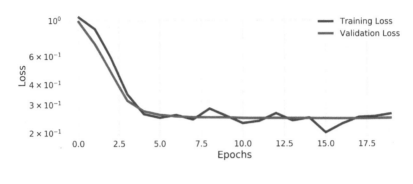

● 图 5.19 损失

模型训练

```
sbs_cnn1.train(20)

fig = sbs_cnn1.plot_losses()
```

此时，在第 5 个周期似乎已经达到了最小值。

 可视化滤波器和其他

在第 4 章，我们简要讨论了将**权重可视化为像素**。在这里，将更深入地研究滤波器(权重)的可视化，以及由模型的每一层生成的转换图像。

首先，为工具带添加另一个方法。

StepByStep 方法

```
@staticmethod
def _visualize_tensors(axs, x, y=None, yhat=None, layer_name='', title=None):
    #图像的数量是一行中子图的数量
    n_images = len(axs)
    #获取缩放灰度的最大值和最小值
    minv, maxv = np.min(x[:n_images]), np.max(x[:n_images])
    #为每幅图像
    for j, image in enumerate(x[:n_images]):
        ax = axs[j]
        #设置标题、标签,并删除刻度
        if title is not None:
            ax.set_title(f'{title} #{j}', fontsize=12)
        shp = np.atleast_2d(image).shape
        ax.set_ylabel(
            f'{layer_name} \n{shp[0]}x{shp[1]}',
```

```
            rotation=0, labelpad=40
        )
        xlabel1 = '' if y is None else f' \nLabel: {y[j]}'
        xlabel2 = '' if yhat is None else f' \nPredicted: {yhat[j]}'
        xlabel = f'{xlabel1}{xlabel2}'
        if len(xlabel):
            ax.set_xlabel(xlabel, fontsize=12)
        ax.set_xticks([])
        ax.set_yticks([])

        #将权重绘制为图像
        ax.imshow(
            np.atleast_2d(image.squeeze()),
            cmap='gray',
            vmin=minv,
            vmax=maxv
        )
    return

setattr(StepByStep, '_visualize_tensors', _visualize_tensors)
```

在使用 imshow 实际绘制图像之前，该函数的大部分主体都在处理标题、标签和轴的刻度，所以它并不那么容易理解。它的参数如下。

- axs：**子图数组**，对应 Matplotlib 的 subplot 所返回的**一行子图**。
- x：一个 Numpy 数组，包含至少与 axs 中的子图一样多的**图像/滤波器**。
- y：可选，一个 Numpy 数组，包含至少与 axs 中的子图一样多的**标签**。
- yhat：可选，一个 Numpy 数组，包含至少与 axs 中的子图一样多的**预测标签**。
- layer_name：子图行的标签。
- title：每个子图的标题前缀。

 "上面方法定义的@staticmethod 是什么？"

静态方法

@ 表示位于其下面的方法_visualize_tensors 正在由**静态方法装饰器函数**进行**装饰**。

 "什么是装饰器？"

Python 装饰器本身就是一个**很深**的话题，在这里解释太浪费版面了。如果您想了解更多信息，请查看 Real Python 的"Primer on Python Decorators"[90]。但是我不会让您不清楚那个特殊的（并且有些常见的）装饰器的作用是什么。

@staticmethod 装饰器允许在**未实例化的类对象上调用该方法**。就好像我们将一个方法**附加**到一个不**依赖于它所附加到的类的实例的类上**一样。

原因很容易理解：到目前为止，在为 StepByStep 类创建的**所有方法**中，**第一个参数始终**是 self。因此，这些方法可以访问它们所属的类，也可以访问**特定实例及其属性**。还记得 Dog 类吗？bark 方法**知道狗的名字**，因为它的第一个参数是代表狗（self）的实例。

> **静态方法没有 self 参数**。函数的内部工作**必须独立于它所属的类的实例**。
>
> 静态方法**可以**从类本身而不是它的一个实例中**执行**。

让我用另一个简单的例子来说明它。

```
class Cat(object):
    def __init__(self, name):
        self.name = name

    @staticmethod
    def meow():
        print('Meow')
```

meow 方法完全独立于 Cat 类，**甚至不需要创造一个 Cat**。这就是我所说的"调用未实例化的类对象"的意思。

```
Cat.meow()
```

输出：

```
Meow
```

看到了吗？meow 方法很可能是一个独立的函数，因为它像一个函数一样工作。但是，在 Cat（猫）类的上下文中，把这个方法附在它身上是有意义的，因为从概念上讲，它们是属于同一个概念。

回到我们的静态方法中，将从其他（常规）方法调用它来绘制感兴趣的图像。下面从**滤波器**开始。

▶▶ 可视化滤波器

可以将相同的原理应用于**卷积层学习的滤波器**的权重。下面使用点表示法访问任何给定层的权重。

```
weights_filter = model_cnn1.conv1.weight.data.cpu().numpy()
weights_filter.shape
```

输出：

```
(1, 1, 3, 3)
```

每一层都有自己的 weight 属性，即一个 nn.Parameter。可以直接使用它，但是在将其转换为 Numpy 数组之前，还必须将参数从计算图中分离出来。因此，使用 weight 的数据属性更容易，因为它只是一个张量，不需要分离。

二维卷积层的权重（表示滤波器）的形状由（out_channels、in_channels、kernel_size、kernel_size）给出。在我们的例子中内核大小为 3，并且只有一个通道，包括输入和输出，因此权重的形状为

$(1, 1, 3, 3)$。

这就是在上一节中开发的**静态方法**派上用场的时候：可以遍历通过模型学习的**滤波器**（**输出通道**）来对每个输入通道进行卷积。

StepByStep *方法*

```python
def visualize_filters(self, layer_name, **kwargs):
    try:
        #从模型中获取层对象
        layer = self.model
        for name in layer_name.split('.'):
            layer = getattr(layer, name)
        #只关注 2D 卷积的滤波器
        if isinstance(layer, nn.Conv2d):
            #获取权重信息
            weights = layer.weight.data.cpu().numpy()
            #权重 -> (输出通道(滤波器), 输入通道, H, W)
            n_filters, n_channels, _, _ = weights.shape

            #构建图形
            size = (2 * n_channels + 2, 2 * n_filters)
            fig, axes = plt.subplots(n_filters, n_channels, figsize=size)
            axes = np.atleast_2d(axes)
            axes = axes.reshape(n_filters, n_channels)
            #遍历每个输出通道(滤波器)
            for i in range(n_filters):
                StepByStep._visualize_tensors(
                    axes[i, :],                          ①
                    weights[i],                          ②
                    layer_name=f'Filter #{i}',
                    title='Channel'
                )

            for ax in axes.flat:
                ax.label_outer()

            fig.tight_layout()
            return fig
    except AttributeError:
        return

setattr(StepByStep, 'visualize_filters', visualize_filters)
```

① 子图的第 i 行对应一个特定的滤波器，每行的列数与输入通道数相同。

② 权重的第 i 个元素对应第 i 个滤波器，它学习了不同的权重来卷积每个输入通道。

此时滤波器的样子如图 5.20 所示。

```python
fig = sbs_cnn1.visualize_filters('conv1', cmap='gray')
```

您也许会问：这是一个可以用来尝试区分拥有不同类的滤波器吗？也许吧，但仅仅看这个滤波器，并不容易看出它有效地完成了什么。

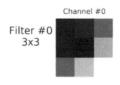

●图 5.20　当前模型唯一的滤波器

要**真正理解这个滤波器**对每幅图像的影响，需要**可视化**模型所产生的**中间值**，即**每一层的输出**。

"如何**可视化**每一层的**输出**？是否必须修改 StepByStep 类来获取这些输出？"

实际操作比上面说的**容易**得多：可以使用**钩子**。

 钩子

钩子是一种**强制模型**在**前向**或**反向**传递之后**执行函数**的方法。因此，有**前向钩子**和**反向钩子**。在这里只使用前向钩子，但两者的原理是相同的。

首先，创建一个**函数**，使得它与**前向传递挂钩**。用一个**虚拟模型**来说明这个过程。

```
dummy_model = nn.Linear(1, 1)

dummy_list = []

def dummy_hook(layer, inputs, outputs):
dummy_list.append((layer, inputs, outputs))
```

(前向)**钩子函数**接受**以下 3 个参数**。

- 一个模型(或层)。
- 一个表示该模型(或层)采用的**输入**张量。
- 一个表示该模型(或层)生成的**输出**张量。

因此，任何采用以上 3 个参数的函数，无论其名称如何，都可以作为钩子函数。在我们的例子中希望**保留**通过钩子函数的**信息**(在许多情况下也是如此)。

您应该使用**在钩子函数外部定义的一个(或多个)变量来存储值**。

这就是上面代码片段中 dummy_list 变量的作用。dummy_hook 函数是最基本的：它只是将其 3 个参数的元组附加在钩子函数外部定义的 dummy_list 变量中。

"如何将钩子函数与模型**挂钩**？"

它有一个 register_forward_hook 方法，用于接受钩子函数并返回一个**句柄**，因此可以跟踪连接到我们的模型钩子。

```
dummy_handle = dummy_model.register_forward_hook(dummy_hook)
dummy_handle
```

输出：

```
<torch.utils.hooks.RemovableHandle at 0x7fc9a003e190>
```

其实很简单，对吧？看看它的实际效果。

```
dummy_x = torch.tensor([0.3])
dummy_model.forward(dummy_x)
```

输出：

```
tensor([-0.7514], grad_fn=<AddBackward0>)
```

它应该向虚拟列表添加一个新元组，其中包含一个线性层、一个输入张量(0.3)和一个输出张量(−0.7514)。顺便说一句，您产生的结果会和我的不同，因为在这里没有使用种子。

```
dummy_list
```

输出：

```
[]
```

"为什么是空的?！难道它不起作用?"

明白了吧！其实，我故意在这里使用模型的 forward 方法来说明在第 1 章中讨论过的内容。

您**不应该调用** forward(x)方法，您应该**改为调用整个模型**，如在 model(x)中那样执行前向传递。否则，您的**钩子将不起作用**。

这次重新调整。

```
dummy_model(dummy_x)
```

输出：

```
tensor([-0.7514], grad_fn=<AddBackward0>)
```

```
dummy_list
```

输出：

```
[(Linear(in_features=1, out_features=1, bias=True),
    (tensor([0.3000]),), tensor([-0.7514], grad_fn=<AddBackward0>))]
```

现在可以继续分析了，这才是我们期待的元组。如果您**再次调用该模型**，它会将**另一个元组附加**到列表中，依此类推。这个钩子将与模型挂钩，**直到它被显式删除为止**(因此需要保留句柄)。要移除一个钩子，您可以简单地调用它的 remove 方法。

```
dummy_handle.remove()
```

这么操作后就等于和钩子说再见了，但是并**没有丢失收集到的信息**，因为变量 dummy_list 是在钩子函数之外定义的。

查看元组的第一个元素：它是**模型（或层）的一个实例**。即使用一个 Sequential 模型并**为各层命名**，这些**名称也不会出现在钩子函数**中，所以需要在这里自己建立关联。

现在回到**真实模型**上。可以使用适当的方法获取其所有命名模块的列表：named_modules（除了它，您还能想到什么?!）。

```
modules = list(sbs_cnn1.model.named_modules())
modules
```

输出：

```
[('', Sequential(
  (conv1): Conv2d(1, 1, kernel_size=(3, 3), stride=(1, 1))
  (relu1): ReLU()
  (maxp1): MaxPool2d(kernel_size=2, stride=2, padding=0,
dilation=1, ceil_mode=False)
  (flatten): Flatten()
  (fc1): Linear(in_features=16, out_features=10, bias=True)
  (relu2): ReLU()
  (fc2): Linear(in_features=10, out_features=3, bias=True)
)),
('conv1', Conv2d(1, 1, kernel_size=(3, 3), stride=(1, 1))),
('relu1', ReLU()),
('maxp1', MaxPool2d(kernel_size=2, stride=2, padding=0, dilation=1, ceil_mode=False)),
('flatten', Flatten()),
('fc1', Linear(in_features=16, out_features=10, bias=True)),
('relu2', ReLU()),
('fc2', Linear(in_features=10, out_features=3, bias=True))]
```

第一个未命名的模块是整个模型本身，其他模块是它的层，这些层是钩子函数的输入之一。所以，需要**查找名称，给定相应的层实例**……此时，您也许会想：如果有什么东西可以用来轻松查询数值就好了，对吗?

```
layer_names = {layer: name for name, layer in modules[1:]}
layer_names
```

输出：

```
{Conv2d(1, 1, kernel_size=(3, 3), stride=(1, 1)): 'conv1', ReLU(): 'relu1',
  MaxPool2d(kernel_size=2, stride=2, padding=0, dilation=1,
ceil_mode=False): 'maxp1', Flatten(): 'flatten',
  Linear(in_features=16, out_features=10, bias=True): 'fc1', ReLU(): 'relu2',
  Linear(in_features=10, out_features=3, bias=True): 'fc2'}
```

其实，字典非常合适：钩子函数将层实例作为参数，并在字典中查找其名称。

那么，是时候创建一个真正的钩子函数了。

```
visualization = {}

def hook_fn(layer, inputs, outputs):
    name = layer_names[layer]
    visualization[name] = outputs.detach().cpu().numpy()
```

实际上非常简单：它查找**层的名称**并将其用作在**钩子函数之外定义**的字典的**键**，该字典将存储被钩的层产生的**输出**。在此函数中输入将被忽略。

可以列出想要从中获取输出的层，循环遍历**命名模块**的列表，并将**函数挂钩**到所需的层，将句柄**保存在另一个字典中**。

```
layers_to_hook = ['conv1','relu1','maxp1','flatten','fc1','relu2','fc2']

handles = {}

for name, layer in modules:
    if name in layers_to_hook:
        handles[name] = layer.register_forward_hook(hook_fn)
```

现在一切就绪，剩下要做的就是实际**调用模型**，因此触发前向传递，执行钩子，并将所有这些层的输出存储在 visualization 字典中。

从验证加载器中获取一个小批量，并使用 StepByStep 类的 predict 方法（然后调用训练好的模型）。

```
images_batch, labels_batch = next(iter(val_loader))
logits = sbs_cnn1.predict(images_batch)
```

现在，如果一切运行顺利的话，visualization 字典应该包含**一个键**，用于钩子函数到**每一层**。

```
visualization.keys()
```

输出：

```
dict_keys(['conv1','relu1','maxp1','flatten','fc1','relu2','fc2'])
```

答对了！它们都在那里！但是，在检查里面存储的内容之前，先要**移除钩子**。

```
for handle in handles.values():
    handle.remove()
handles = {}
```

确保在达到目的后**始终移除钩子**，以避免可能减慢模型速度的不必要操作。

无论如何，为了让您更容易地钩住一些层，以便能查看它们产生了什么，需要在 StepByStep 类中添加一些方法：attach_hooks 和 remove_hooks。

首先，正在创建 visualization 和 handles 两个字典作为属性，它们将是外部定义的变量（即方法外部的变量）。

attach_hooks 方法有自己的内部钩子函数，它将在 visualization 属性中存储层的输出。该方法用于处理：层实例及其名称之间的映射，以及向所需层注册钩子函数。

remove_hooks 几乎是完全相同的代码，只是它现在使用了 handles 属性。

StepByStep 方法

```python
setattr(StepByStep, 'visualization', {})
setattr(StepByStep, 'handles', {})

def attach_hooks(self, layers_to_hook, hook_fn=None):
    #清除任何以前的值
    self.visualization = {}
    #创建字典以将层对象映射到它们的名称
    modules = list(self.model.named_modules())
    layer_names = {layer: name for name, layer in modules[1:]}

    if hook_fn is None:
        #要附加到前向传递的钩子函数
        def hook_fn(layer, inputs, outputs):
            #获取层名称
            name = layer_names[layer]
            #分离输出
            values = outputs.detach().cpu().numpy()
            #由于钩子函数可能会被多次调用
            #例如,如果对多个小批量进行预测
            #处理连接结果
            if self.visualization[name] is None:
                self.visualization[name] = values
            else:
                self.visualization[name] = np.concatenate([self.visualization[name],
                        values])

    for name, layer in modules:
        #如果层在列表中
        if name in layers_to_hook:
            #初始化字典中对应的键
            self.visualization[name] = None
            #注册前向钩子并将句柄保留在另一个字典中
            self.handles[name] = layer.register_forward_hook(hook_fn)

def remove_hooks(self):
    #遍历所有钩子并删除它们
    for handle in self.handles.values():
        handle.remove()
    #清除字典,因为所有钩子都已被删除
    self.handles = {}
```

```
setattr(StepByStep,'attach_hooks',attach_hooks)
setattr(StepByStep,'remove_hooks',remove_hooks)
```

这个过程相对简单：给它一个包含要附加钩子的层名称的列表，然后就完成了。

钩住它

```
sbs_cnn1.attach_hooks(
    layers_to_hook=['conv1','relu1','maxp1','flatten','fc1','relu2','fc2']
)
```

为了让 visualization 属性充满值，仍然需要进行预测。

做出预测(logit)

```
images_batch, labels_batch = next(iter(val_loader))
logits = sbs_cnn1.predict(images_batch)
```

完成预测后，不要忘记移除钩子。顺便说一句，您**可以多次调用 predict**，并且挂钩层产生的输出将被**连接**起来。

移除挂钩

```
sbs_cnn1.remove_hooks()
```

在继续之前，不要忘记模型正在生成 **logit** 作为输出。如要获得预测的类别，可以简单地获取每个数据点**最大 logit 的索引**。

做出预测(类别)

```
predicted = np.argmax(logits, 1)
predicted
```

输出：

```
array([2, 2, 2, 0, 0, 0, 2, 2, 2, 1, 0, 1, 2, 1, 2, 0])
```

我们将在下一节中使用预测的类。

▶ 可视化特征图

首先，可视化从验证加载器中采样的前 10 幅图像，如图 5.21 所示。

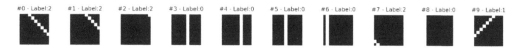

● 图 5.21　小批量图像

```
fig = plot_images(images_batch.squeeze(), labels_batch.squeeze(), n_plot=10)
```

模型的第一部分，称为**特征化器**，有典型卷积块中的 3 层和一个展平层，**共 4 层**。这些层的输

出是**特征图**，当对验证加载器的第一个小批量进行预测时，钩子函数捕获了这些特征图。

为了可视化特征图，可以在类中添加另一个方法：visualize_outputs。该方法简单地从可视化字典中检索捕获的特征图，并使用_visualize_tensors 方法来绘制它们。

StepByStep 方法

```python
def visualize_outputs(self, layers, n_images=10, y=None, yhat=None):
    layers = filter(lambda l: l in self.visualization.keys(), layers)
    layers = list(layers)
    shapes = [self.visualization[layer].shape for layer in layers]
    n_rows = [shape[1] if len(shape) == 4 else 1
                  for shape in shapes]
    total_rows = np.sum(n_rows)

    fig, axes = plt.subplots(total_rows, n_images,
                             figsize=(1.5* n_images, 1.5* total_rows))
    axes = np.atleast_2d(axes).reshape(total_rows, n_images)

    #层层循环,每行子图一层
    row = 0
    for i, layer in enumerate(layers):
        start_row = row
        #为该层获取生成的特征图
        output = self.visualization[layer]

        is_vector = len(output.shape) == 2

        for j in range(n_rows[i]):
            StepByStep._visualize_tensors(
                axes[row, :],
                output if is_vector else output[:, j].squeeze(),
                y,
                yhat,
                layer_name=layers[i] \
                        if is_vector \
                        else f'{layers[i]}\nfil#{row-start_row}',
                title='Image' if (row == 0) else None
            )
            row += 1

    for ax in axes.flat:
        ax.label_outer()

    plt.tight_layout()
    return fig

setattr(StepByStep, 'visualize_outputs', visualize_outputs)
```

然后，使用上面的方法为模型中**特征化器**部分中的层绘制特征图，如图 5.22 所示。

```
featurizer_layers = ['conv1','relu1','maxp1','flatten']

with plt.style.context('seaborn-white'):
    fig = sbs_cnn1.visualize_outputs(featurizer_layers)
```

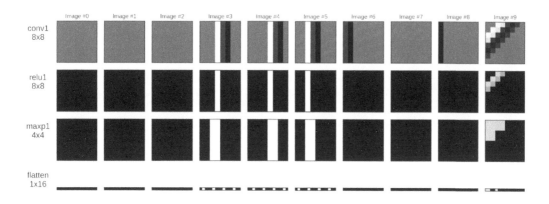

图 5.22　特征图(特征化器)

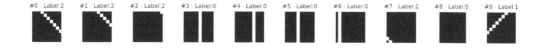

副本–图 5.21　小批量图像(为了便于比较,在此复制)

看起来很有趣,对吧?尽管我在前 4 行中绘制了相同大小的图像,但它们具有**不同的维度**,如左侧的行标签所示。**灰度的阴影**也是**按行**计算的:最大(白色)值和最小(黑色)值是在给定层生成的 10 幅图像中计算的,否则,某些行会太暗(各层的范围有很大的不同)。

从这些图像中可以学到什么呢?首先,**将学习到的滤波器与输入图像进行卷积会产生一些有趣**的结果。

- 对于**向左倾斜的对角线**(如图像 0、1、2 和 7),滤波器似乎完全**抑制了对角线**。
- 对于**平行线**(仅上例中的垂直线,图像 3、6 和 8),滤波器产生**条纹图案**,原始线的左侧较亮,右侧较暗。
- 对于**向右倾斜的对角线**(仅图像 9),滤波器会产生一条**带有多个阴影的较粗线条**。

然后,用 ReLU 激活函数去除负值。不幸的是,在此操作之后,图像 6 和 8(平行垂直线)的所有线都被抑制了,并且看起来与图像 0、1、2 和 7(向左倾斜的对角线)无法区分。

接下来,最大池化减少了图像的尺寸,它们被展平以表示 16 个特征。

现在,看看**展平化的特征**。这就是**分类器**试图将图像分成 3 个不同的类别时所要查看的内容。对于这样一个相对简单的问题,几乎可以看到其中的模式。下面看看分类器层可以做什么。

▶ 可视化分类器层

模型的第二部分，被恰当地称为**分类器**，具有一个隐藏层（FC1）、一个激活函数和一个输出层（FC2）的典型结构。来看看**这些层中每一层的输出**，这些输出都是由钩子函数对相同的 10 幅图像所捕获的，如图 5.23 所示。

```
classifier_layers = ['fc1', 'relu2', 'fc2']

with plt.style.context('seaborn-white'):
    fig = sbs_cnn1.visualize_outputs(classifier_layers, y = labels_batch, yhat =
predicted)
```

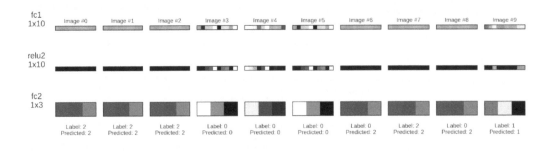

● 图 5.23　特征图（分类器）

隐藏层执行了**仿射变换**（还记得吗？），将维度从 16 维减少到 10 维。接下来，激活函数 ReLU 消除了负值，形成了中间一行的"激活"特征空间。

最后，输出层使用这 10 个值来计算 **3 个 logit**，每个类别一个。即使不将它们转换为概率，也知道**最大的 logit** 显示为**最亮的像素**，因此可以通过查看 3 个灰色阴影并选择最亮的一个索引来判断预测了哪个类别。

该分类器在 10 中有 8 个是正确的。它**对图像 6 和 8 做出了错误的预测**。不出所料，**这两幅图像的垂直线被抑制了**。每当垂直线太靠近图像的左边缘时，滤波器似乎就不能很好地工作了。

　　"这个模型的功能究竟有多强？"

这是一个好问题！下面来分析。

▶▶ 准确率

在第 3 章，使用自己的 predict 方法进行预测，并使用 Scikit-Learn 的度量模块来评估它们。现在，构建一个方法，该方法采用数据加载器返回的特征（x）和标签（y），并采取所有必要步骤为**每个类生成两个值：正确预测的数量**和**该类数据点的数量**。

StepByStep 方法

```python
def correct(self, x, y, threshold=.5):
    self.model.eval()
    yhat = self.model(x.to(self.device))
    y = y.to(self.device)
    self.model.train()

    #得到批量的大小和类的数量
    #(只有 1,如果它是二元的)
    n_samples, n_dims = yhat.shape
    if n_dims > 1:
        #在多类分类中,最大的 logit 总是获胜
        #所以不必费心去获取概率

        #这是 PyTorch 的 argmax 版本
        #但它返回一个元组:(最大值,最大值的索引)
        _, predicted = torch.max(yhat, 1)
    else:
        n_dims += 1
        #在二元分类中,需要检查最后一层是否是 sigmoid(然后它会产生概率)
        if isinstance(self.model, nn.Sequential) and isinstance(self.model[-1], nn.Sigmoid):
            predicted = (yhat > threshold).long()
        #或其他内容(logits),需要使用 sigmoid 进行转换
        else:
            predicted = (F.sigmoid(yhat) > threshold).long()

    #每个类别正确分类了多少样本
    result = []
    for c in range(n_dims):
        n_class = (y == c).sum().item()
        n_correct = (predicted[y == c] == c).sum().item()
        result.append((n_correct, n_class))
    return torch.tensor(result)

setattr(StepByStep, 'correct', correct)
```

如果**标签有两列或多列**，这意味着正在处理**多类**分类：**被预测的类**是具有**最大 logit** 的类的。

如果**只有一列标签**，那将是**二元分类**：如果**被预测的概率高于给定阈值**（通常为 0.5），则**被预测的类**将是**正类**。但是这里有一个问题：如果模型的**最后一层不是 sigmoid**，需要**先将其应用于 logit** 以获取概率，然后再将它们与阈值进行比较。

然后，对于每个可能的类，它计算有多少预测与标签匹配，并将结果附加到张量。结果张量的形状将是(类的数量，2)，第一列代表正确的预测，第二列代表数据点的数量。

尝试将这个新方法应用于数据加载器的第一个小批量中。

```python
sbs_cnn1.correct(images_batch, labels_batch)
```

输出：

```
tensor([[5, 7],
        [3, 3],
        [6, 6]])
```

所以，只有都是针对类别 0(平行线)的两个错误预测，对应于图像 6 和 8，正如在上一节中所分析的那样。

　　"如果我想对数据加载器中的所有小批次进行计算呢？"

▶ 加载器应用

上面问题的答案就是使用静态方法 loader_apply 的作用：它**对每个小批量应用一个函数**，并在应用诸如 sum 或 mean 之类的缩减函数之前将**结果堆叠**起来。

StepByStep *方法*

```
@staticmethod
def loader_apply(loader, func, reduce='sum'):
    results = [func(x, y) for i, (x, y) in enumerate(loader)]
    results = torch.stack(results, axis=0)

    if reduce == 'sum':
        results = results.sum(axis=0)
    elif reduce == 'mean':
        results = results.float().mean(axis=0)

    return results

setattr(StepByStep, 'loader_apply', loader_apply)
```

由于它是一个静态方法，可以从类本身调用它，将加载器作为其第一个参数，并将一个函数(在本例中为方法)作为其第二个参数。它将为每个小批量调用正确的方法(如上例所示)，并将所有结果相加。

```
StepByStep.loader_apply(sbs_cnn1.val_loader, sbs_cnn1.correct)
```

输出：

```
tensor([[59, 67],
        [55, 62],
        [71, 71]])
```

相当简单，对吗？在下一章中，当**对图像进行归一化**处理，从而需要计算训练加载器中所有图像的**均值和标准差**时，这个方法将对我们非常有用。

从上面的结果中，看到模型在验证集中正确分类了 200 幅图像中的 185 幅，准确率为 92.5%。效果相当不错了。

 归纳总结

在本章主要关注**模型配置**部分，在模型中添加**卷积层**，并定义不同的**损失函数**来处理**多类**分类问题。同时，还在类中添加了更多的方法，以便可以通过**可视化**模型学习**滤波器**，将**钩子**附加到模型的前向传递中，并使用捕获的结果来可视化相应的**特征图**。

数据准备

```
1   #在拆分之前从 Numpy 数组构建张量
2   #将像素值的比例从[0, 255]修改为[0, 1]
3   x_tensor = torch.as_tensor(images / 255).float()
4   y_tensor = torch.as_tensor(labels).long()
5
6   #使用 index_splitter 为训练集和验证集生成索引
7   train_idx, val_idx = index_splitter(len(x_tensor), [80, 20])
8   #使用索引执行拆分
9   x_train_tensor = x_tensor[train_idx]
10  y_train_tensor = y_tensor[train_idx]
11  x_val_tensor = x_tensor[val_idx]
12  y_val_tensor = y_tensor[val_idx]
13
14  #现在不做任何数据增强
15  train_composer = Compose([Normalize(mean=(.5,), std=(.5,))])
16  val_composer = Compose([Normalize(mean=(.5,), std=(.5,))])
17
18  #使用自定义数据集将组合转换应用于每个集合
19  train_dataset = TransformedTensorDataset(
20                      x_train_tensor, y_train_tensor,
21                      transform=train_composer
22  )
23  val_dataset = TransformedTensorDataset(
24                      x_val_tensor, y_val_tensor,
25                      transform=val_composer
26  )
27
28  #构建一个加权随机采样器来处理不平衡类
29  sampler = make_balanced_sampler(y_train_tensor)
30
31  #在训练集中使用采样器来获得平衡的数据加载器
32  train_loader = DataLoader(dataset=train_dataset, batch_size=16,
33  sampler=sampler)
34  val_loader = DataLoader(dataset=val_dataset, batch_size=16)
```

模型配置

```
1   torch.manual_seed(13)
2   model_cnn1 = nn.Sequential()
```

```
3
4   #特征化器
5   #模块 1:1@10x10 -> n_channels@8x8 -> n_channels@4x4
6   n_channels = 1
7   model_cnn1.add_module('conv1', nn.Conv2d(
8               in_channels=1, out_channels=n_channels, kernel_size=3
9   ))
10  model_cnn1.add_module('relu1', nn.ReLU())
11  model_cnn1.add_module('maxp1', nn.MaxPool2d(kernel_size=2))
12  #展平:n_channels * 4 * 4
13  model_cnn1.add_module('flatten', nn.Flatten())
14
15  #分类
16  #隐藏层
17  model_cnn1.add_module('fc1',
18              nn.Linear(in_features=n_channels* 4* 4, out_features=10)
19  )
20  model_cnn1.add_module('relu2', nn.ReLU())
21  #输出层
22  model_cnn1.add_module('fc2', nn.Linear(in_features=10, out_features=3))
23
24  lr = 0.1
25  multi_loss_fn = nn.CrossEntropyLoss(reduction='mean')
26  optimizer_cnn1 = optim.SGD(model_cnn1.parameters(), lr=lr)
```

模型训练

```
1   sbs_cnn1 = StepByStep(model_cnn1, multi_loss_fn, optimizer_cnn1)
2   sbs_cnn1.set_loaders(train_loader, val_loader)
3   sbs_cnn1.train(20)
```

可视化滤波器

```
fig_filters = sbs_cnn1.visualize_filters('conv1', cmap='gray')
```

捕获输出

```
featurizer_layers = ['conv1','relu1','maxp1','flatten']
classifier_layers = ['fc1','relu2','fc2']

sbs_cnn1.attach_hooks(layers_to_hook=featurizer_layers + classifier_layers)

images_batch, labels_batch = next(iter(val_loater))
logits = sbs_cnn1.predict(images_batch)
predicted = np.argmax(logits, 1)

sbs_cnn1.remove_hooks()
```

可视化特征图

```
with plt.style.context('seaborn-white'):
    fig_maps1 = sbs_cnn1.visualize_outputs(featurizer_layers)
```

```
    fig_maps2 = sbs_cnn1.visualize_outputs(
                classifier_layers, y=labels_batch, yhat=predicted
                )
```

评估准确率

```
StepByStep.loader_apply(sbs_cnn1.val_loader, sbs_cnn1.correct)
```

输出：

```
tensor([[59, 67],
        [55, 62],
        [71, 71]])
```

 回顾

在本章介绍了卷积及其相关概念，并构建了卷积神经网络以解决多类分类问题。以下就是所涉及的内容。

- 了解卷积**内核/滤波器**的作用。
- 了解**步幅**的作用及其对输出形状的影响。
- 认识到**滤波器的数量**与**输入和输出通道的组合一样多**。
- 使用**填充**来**保持**输出的**形状**。
- 使用**池化缩小**输出的**形状**。
- 将**卷积、激活函数**和**池化**组装成一个**典型的卷积块**。
- 使用**一系列卷积块**对图像进行预处理，**将它们转换为特征**。
- （重新）构建 Yann LeCun 的 **LeNet-5**。
- 为**多类分类问题**生成包含 1000 幅图像的数据集。
- 了解 **softmax** 函数如何将 **logit** 转换为**概率**。
- 了解 PyTorch 的**负对数似然**和**交叉熵**损失之间的区别。
- （再次）强调**选择最后一层和损失函数正确组合的重要性**。
- 使用损失函数**处理不平衡的数据集**。
- 构建自己的**卷积神经网络，特征化器**由**典型的卷积块**组成，然后是具有**单个隐藏层**的传统**分类器**。
- **将学到的滤波器可视化**。
- 理解和使用（前向）**钩子**来**捕获**模型中间层的**输出**。
- 在达到目的后**移除挂钩**，以免影响模型速度。
- 使用捕获的输出来**可视化特征图**，并理解模型学习的滤波器如何产生特征，从而为分类器部分提供信息。
- 计算**多类分类问题的准确率**。
- 创建一个**静态方法**，将**函数应用于数据加载器**中的所有小批量。

　　恭喜您：朝着能够解决许多**计算机视觉**问题又迈出了一大步。本章介绍了与(几乎)所有卷积相关的基本概念。后面仍然需要为我们的技术"武器库"添加更多技巧和方法，以便使模型更加强大。在下一章，将学习**多通道卷积**，使用**丢弃**层来**正则化模型**，找到**学习率**以及**优化器**的内部工作原理。

扩展阅读

　　文中提到的阅读资料(网址)请读者按照本书封底的说明方法自行下载。

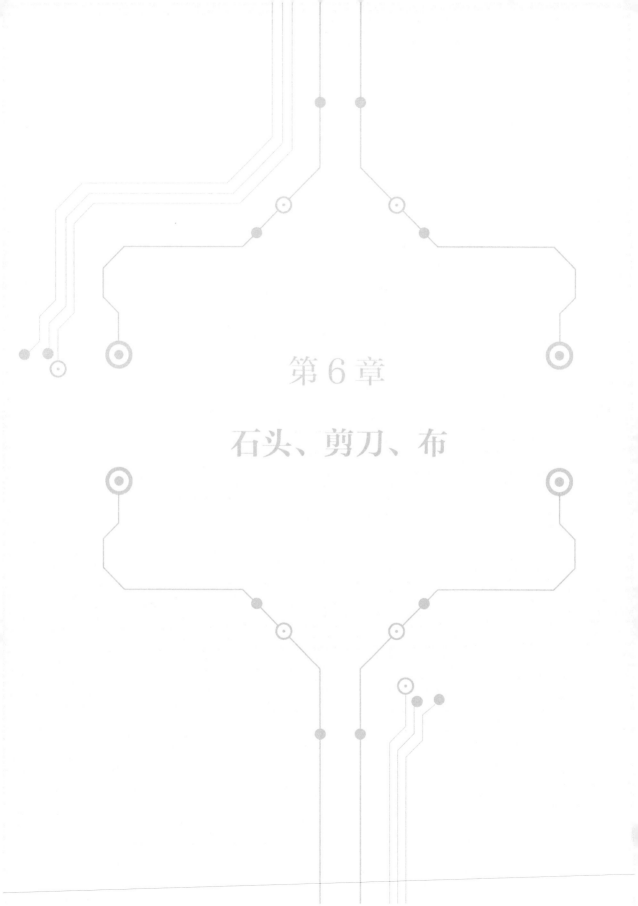

第 6 章

石头、剪刀、布

剧透

在本章，将：

- **标准化**图像数据集。
- 训练一个模型，从手部图像中预测**石头**、**剪刀**、**布**的姿势。
- 使用**丢弃层**来**正则化**模型。
- 学习如何**找到一个学习率**来训练模型。
- 了解 **Adam** 优化器如何使用**自适应学习率**。
- 捕获梯度和参数，以便**可视化**它们在训练期间的**演变**。
- 了解**动量**和 **Nesterov** **动量**的工作原理。
- 在训练中使用**调度器**来实现**学习率的变化**。

Jupyter Notebook

与第 6 章[91]相对应的 Jupyter Notebook 是 GitHub 官方上"**Deep Learning with PyTorch Step-by-Step**"资料库的一部分。您也可以直接在**谷歌 Colab**[92]中运行它。

如果您使用的是**本地安装**，请打开个人终端或 Anaconda Prompt，导航到从 GitHub 复制的 PyTorchStepByStep 文件夹。然后，**激活** pytorchbook 环境并运行 Jupyter Notebook。

```
$ conda activate pytorchbook
(pytorchbook) $ jupyter notebook
```

如果您使用 Jupyter 的默认设置，单击链接（http://localhost：8888/notebooks/Chapter06.ipynb）应该可以打开第 6 章的 Notebook。如果不行则只需单击 Jupyter 主页中的"Chapter06.ipynb"。

导入

为了便于组织，在任何一章中使用的代码所需的库都在其开始时导入。在本章需要以下的导入。

```
import numpy as np
from PIL import Image
from copy import deepcopy

import torch
import torch.optim as optim
import torch.nn as nn
import torch.nn.functional as F

from torch.utils.data import DataLoader, TensorDataset, random_split
```

```
from torchvision.transforms import Compose, ToTensor, Normalize, ToPILImage, Resize
from torchvision.datasets import ImageFolder
from torch.optim.lr_scheduler import StepLR, ReduceLROnPlateau, \
        MultiStepLR, CyclicLR, LambdaLR

from stepbystep.v2 import StepByStep
from data_generation.rps import download_rps
```

 关于石头、剪刀、布

蜥蜴–史波克相关游戏的"扩展"版本在《生活大爆炸》中展示过，由 Sam Kass 和 Karen Bryla 开发。读者要了解更多有关扩展版本的信息，请访问 Sam Kass 关于游戏的页面[93]。

撇开这些趣事不谈，我猜您可能对目前使用的图像数据集有点厌烦，对吗？好吧，至少，它不是 MNIST。但是时候使用**不同的数据集**了：**石头、剪刀、布**（此处没有蜥蜴，也没有史波克）。

▶ 石头、剪刀、布数据集

该数据集由 Laurence Moroney（lmoroney@gmail.com/laurencemoroney.com）创建，可在他的网站上找到：石头、剪刀、布数据集[94]。该数据集被许可为知识共享（CC BY 2.0）。我没有对数据集进行任何更改。

该数据集包含 2892 幅不同手势的图像，这些图像在白色背景下呈现典型的石头、剪刀和布姿势。这也是一个**合成数据集**，因为图像是使用 CGI 技术生成的。每幅图像的大小为 300×300 像素，并具有 4 个通道（RGBA）。

RGBA 代表红、绿、蓝、Alpha，它是传统的 RGB 颜色模型以及指示每个像素不透明程度的 alpha 通道。不要介意 alpha 通道，稍后会删除它。

训练集（2520 幅图像）可以在［95］下载，**测试集**（372 幅图像）可以在［96］下载。在 Notebook 中，数据集将被下载并分别提取到 rps 和 rps-test-set 文件夹中。

图 6.1 是其图像的一些示例，每种姿势一个。

Rock   Paper   Scissors

● 图 6.1 石头、布、剪刀

此处又是 **3 个类**，所以可以使用在第 5 章中学到的内容。

数据准备

这次数据准备步骤的要求会更高一些，因为将**对图像进行标准化**（这次是严格的，不再有最小－最大缩放）。此外，现在可以使用 ImageFolder 数据集。

 ImageFolder

ImageFolder 不仅仅是一个**普通的数据集**，而是一个通用数据集，您可以将其与自己的图像一起使用，前提是它们被正确地组织到子文件夹中，每个子文件夹以一个类命名并包含相应的图像。

石头、剪刀、布数据集是这样组织的：在**训练集的 rps 文件夹**内，有 3 个以 3 个类（rock、paper 和 scissors）命名的子文件夹。

```
rps/paper/paper01-000.png
rps/paper/paper01-001.png

rps/rock/rock01-000.png
rps/rock/rock01-001.png

rps/scissors/scissors01-000.png
rps/scissors/scissors01-001.png
```

该数据集也是**完全平衡的**，每个子文件夹包含 840 幅特定类别的图像。

ImageFolder 数据集只需要**根文件夹**，在我们的例子中就是 rps 文件夹，但它可以采用以下 **4 个可选参数**。

- transform：您大概已经知道了，它告诉数据集应该对每幅图像应用哪些变换，就像在前几章中看到的数据增强变换一样。
- target_transform：到目前为止，目标一直是整数，所以这个参数没有意义；但是如果您的目标也是图像（如在分割任务中），它就开始有意义了。
- loader：从给定路径加载图像的函数，以防您使用 PIL 无法处理那些奇怪或非典型的格式。
- is_valid_file：检查文件是否有损坏的函数。

然后创建一个数据集。

临时数据集

```
temp_transform = Compose([Resize(28), ToTensor()])
temp_dataset = ImageFolder(root='rps', transform=temp_transform)
```

在这里只使用了 transform 这个可选参数，并将转换保持在最低限度。

首先，将图像**大小调整为 28×28 像素**（并由 PIL 加载器自动转换为 RGB 颜色模型，从而丢失 alpha 通道），然后**转换为 PyTorch 张量**。较小的图像会使模型训练更快，并且对 CPU 的消耗更"友好"。获取数据集的第一幅图像，并看看它的形状和相应的标签。

```
temp_dataset[0][0].shape, temp_dataset[0][1]
```

输出：

```
(torch.Size([3, 28, 28]), 0)
```

运行完美！

"等等，您承诺的标准化在哪里？"

为了标准化数据点，需要先**了解它的均值和标准差**。石头、剪刀、布图像的平均像素值是多少？标准差呢？为了计算它们，需要**加载数据**。好消息是，已经有了一个(临时)数据集，其中包含调整大小的图像。只是缺少一个**数据加载器**。

临时数据加载器

```
temp_loader =DataLoader(temp_dataset, batch_size=16)
```

没有必要为打乱而烦恼，这**不是**将用来训练模型的数据加载器，只会用它来计算统计数据。顺便说一句，需要**每个通道的统计信息**，正如 Normalize 转换所要求的那样。

因此，构建一个函数，它接收一个小批量(图像和标签)，并计算**每个图像的每个通道的平均像素值和标准差**，且将所有图像的结果相加。更方便的是，也可以把它变为 StepByStep 类的一个方法。

StepByStep *方法*

```
@staticmethod
def statistics_per_channel(images, labels):
    #NCHW
    n_samples, n_channels, n_height, n_weight = images.size()
    #将 HW 扁平化为一维
    flatten_per_channel = images.reshape(n_samples, n_channels, -1)

    #计算每个通道每幅图像的统计数据
    #每个通道的平均像素值 (n_samples, n_channels)
    means = flatten_per_channel.mean(axis=2)
    #每个通道像素值的标准偏差 (n_samples, n_channels)
    stds = flatten_per_channel.std(axis=2)

    #在一个小批量中添加所有图像的统计信息 (1, n_channels)
    sum_means = means.sum(axis=0)
    sum_stds = stds.sum(axis=0)
    #使用小批量中的样本数生成形状为 (1, n_channels) 的张量
    n_samples = torch.tensor([n_samples] * n_channels).float()

    #将 3 个张量堆叠在一起 (3, n_channels)
```

```
        return torch.stack([n_samples, sum_means, sum_stds], axis=0)

    setattr(StepByStep, 'statistics_per_channel', statistics_per_channel)

    first_images, first_labels = next(iter(temp_loader))
    StepByStep.statistics_per_channel(first_images, first_labels)
```

输出：

```
tensor([[16.0000, 16.0000, 16.0000],
        [13.8748, 13.3048, 13.1962],
        [ 3.0507,  3.8268,  3.9754]])
```

将其应用于第一小批量图像，得到上面的结果：每一**列**代表一个**通道**，行分别是数据点的**数量**、均值的总和和标准差的总和。

可以利用上一章创建的 loader_apply 方法来获取**整个数据集的总和**。

```
results = StepByStep.loader_apply(temp_loader, StepByStep.statistics_per_channel)
results
```

输出：

```
tensor([[2520.0000, 2520.0000, 2520.0000],
        [2142.5359, 2070.0811, 2045.1442],
        [ 526.3024,  633.0677,  669.9554]])
```

因此，可以计算每个通道**平均的平均值**（我知道这看起来有些奇怪）和**平均标准差**。更方便的是，可以把它变为一个接收数据加载器，并**返回 Normalize 转换**、统计信息和所有内容的**实例**的方法。

StepByStep **方法**

```
@staticmethod
def make_normalizer(loader):
    total_samples, total_means, total_stds = \
            StepByStep.loader_apply(loader, StepByStep.statistics_per_channel)
    norm_mean = total_means / total_samples
    norm_std = total_stds / total_samples
    return Normalize(mean=norm_mean, std=norm_std)

setattr(StepByStep, 'make_normalizer', make_normalizer)
```

> ℹ️ **重要提示**：始终使用**训练集**来**计算**标准化的**统计数据**。

现在，可以使用它来创建一个转换，使数据集**标准化**。

创建归一化转换

```
normalizer = StepByStep.make_normalizer(temp_loader)
normalizer
```

输出：

```
Normalize(mean=tensor([0.8502, 0.8215, 0.8116]), std=tensor([0.2089, 0.2512, 0.2659]))
```

请记住，PyTorch 将像素值转换为 [0，1] 范围。对于红色 (第一) 通道，像素的均值为 0.8502，而其平均标准差为 0.2089。

 后面在使用**预训练模型**时，将使用**预计算的统计数据**来标准化输入。

▶ 真实数据集

下面使用 Normalize 转换和从 (临时) 训练集中学到的统计数据来构建真实数据集。数据准备步骤如下所示。

数据准备

```
1   composer = Compose([Resize(28),
2                       ToTensor(),
3                       normalizer])
4
5   train_data = ImageFolder(root='rps', transform=composer)
6   val_data = ImageFolder(root='rps-test-set', transform=composer)
7
8   #构建每个集合的加载器
9   train_loader = DataLoader(train_data, batch_size=16, shuffle=True)
10  val_loader = DataLoader(val_data, batch_size=16)
```

尽管数据集的第二部分被其作者命名为 rps-test-set，但我们将使用它作为验证数据集。由于**每个数据集** (训练和验证) 对应**不同的文件夹**，因此不用拆分任何内容。

接下来，使用两个数据集来创建相应的数据加载器，记住现在要**打乱训练集**。

下面看一下**真实训练集**中的一些图像，如图 6.2 所示。

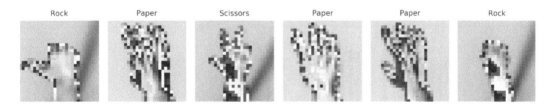

Rock　　Paper　　Scissors　　Paper　　Paper　　Rock

● 图 6.2　训练集 (归一化)

 "颜色有什么问题吗？"

颜色没有问题，只是**像素值标准化的效果**。现在有了彩色图像，可以回到卷积世界，看看它是如何处理的……

三通道卷积

以前，有单通道图像和单通道滤波器，或者是多滤波器，但所有滤波器仍然只有一个通道。现在，有一个**三通道图像**和一个**三通道滤波器**，或者是多滤波器，但所有滤波器仍然具有三个通道。

 每个**滤波器**都有与其被卷积**图像**一样多的**通道**。

在三通道图像上卷积三通道滤波器**仍然会产生单个值**，如图 6.3 所示。

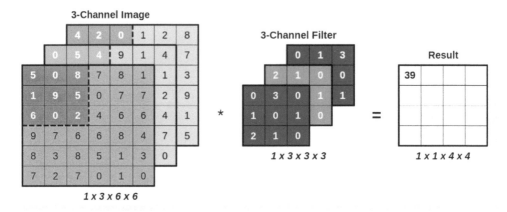

● 图 6.3 多通道卷积

可以将其视为执行 **3 个卷积**，每个卷积对应匹配**区域/通道**和**滤波器/通道**的**逐元素相乘**，产生 3 个值，每个通道一个。将**每个通道的结果相加**会产生**预期的单个值**。图 6.4 应该更好地说明了这一点。

如果您愿意，也可以在代码中查看它。

```
regions = np.array([[[[5, 0, 8],
                      [1, 9, 5],
                      [6, 0, 2]],
                     [[0, 5, 4],
                      [8, 1, 9],
                      [4, 8, 1]],
                     [[4, 2, 0],
                      [6, 3, 0],
                      [5, 2, 8]]]])
regions.shape
```

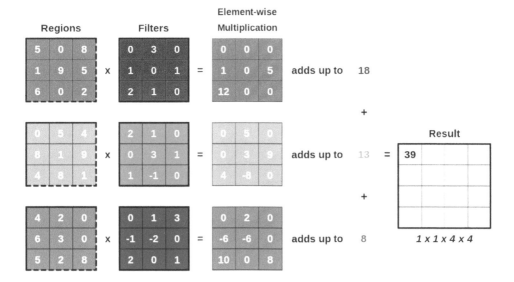

图 6.4 每个通道上的卷积

输出：

```
(1, 3, 3, 3)
```

```
three_channel_filter = np.array([[[[0, 3, 0],
                                    [1, 0, 1],
                                    [2, 1, 0]],
                                   [[2, 1, 0],
                                    [0, 3, 1],
                                    [1, -1, 0]],
                                   [[0, 1, 3],
                                    [-1, -2, 0],
                                    [2, 0, 1]]]])
three_channel_filter.shape
```

输出：

```
(1, 3, 3, 3)
```

```
result = F.conv2d(torch.as_tensor(regions), torch.as_tensor(three_channel_filter))
result, result.shape
```

输出：

```
(tensor([[[[39]]]]), torch.Size([1, 1, 1, 1]))
```

 "如果我有**两个滤波器**怎么办?"

很高兴您问这个问题。图 6.5 说明了这样一个事实，即**每个滤波器**的**通道数**与被卷积的图像**一样多**。

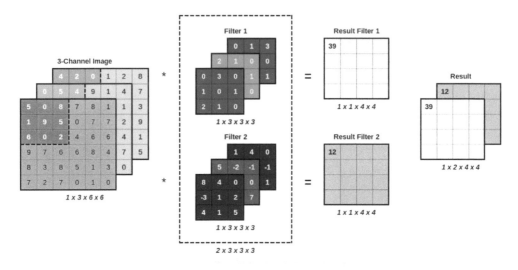

● 图 6.5 3 个通道上的两个滤波器

如果您有**两个滤波器**，输入**图像**有 **3 个通道**，每个**滤波器也有 3 个通道**，输出有**两个通道**。

 卷积产生与**滤波器**一样多的**通道**。

好的，是时候开发一个……

 更高级的模型

暂时将 Sequential 模型放在一边，先构建一个**模型类**。这一次，构造方法将接受两个参数：n_filters 和 p。将使用 n_filters 作为模型**两个卷积块**的**输出通道数**（是的，现在有两个）。而且，正如您从下面的代码中看到的那样，将使用 p 作为**丢弃的概率**。

更高级的模型（构造方法）

```
class CNN2(nn.Module):
    def __init__(self, n_feature, p=0.0):
        super(CNN2, self).__init__()
        self.n_feature = n_feature
        self.p = p
        #创建卷积层
        self.conv1 = nn.Conv2d(in_channels=3,
                        out_channels=n_feature, kernel_size=3)
        self.conv2 = nn.Conv2d(in_channels=n_feature,
                        out_channels=n_feature, kernel_size=3)
```

```
#创建线性层
#这个 5×5 从哪里来?! 在下面检查
self.fc1 = nn.Linear(n_feature * 5 * 5, 50)
self.fc2 = nn.Linear(50, 3)
#创建丢弃层
self.drop = nn.Dropout(self.p)
```

有两个卷积层和两个线性层，fc1（隐藏层）和 fc2（输出层）。

"激活函数和**最大池化**层在哪里?"

此时可见，最大池化层并**没有学到任何东西**，所以可以使用它的**函数式形式**：F.max_pool2d。选择的激活函数也是如此：F.relu。

如果选择**参数 ReLU（PReLU）**，则**不应使用函数式形式**，因为它需要**学习泄漏系数**（负值部分的斜率）。

一方面，您将模型的属性保持在最低限度。另一方面，您不再需要挂钩层，因此**无法再捕获激活函数**和**最大池化操作**的输出。

在一个恰当地命名为 **featurizer** 的函数中创建两个卷积块。

更高级的模型（特征化器）

```
def featurizer(self, x):
    #特征化器
    #第一个卷积模块
    # 3@28x28 -> n_feature@26x26 -> n_feature@13x13
    x = self.conv1(x)
    x = F.relu(x)
    x = F.max_pool2d(x, kernel_size=2)
    #第二个卷积模块
    # n_feature * @13x13 -> n_feature@11x11 -> n_feature@5x5
    x = self.conv2(x)
    x = F.relu(x)
    x = F.max_pool2d(x, kernel_size=2)
    #输入维度 (n_feature@5x5)
    #输出维度 (n_feature * 5 * 5)
    x = nn.Flatten()(x)
    return x
```

该结构中的参数 x 既是序列中每个操作的**输入**又是**输出**，这种结构是相当常见的。特征化器产生大小为 n_filters×25 的特征张量。

下一步是使用线性层构建分类器，一个作为隐藏层，另一个作为输出层。但还有**更多**：在**每个线性层之前都有一个丢弃层**，它会**以概率 p**（我们构造方法的第二个参数）**丢弃**值。

更高级的模型（分类器）

```
def classifier(self, x):
    #分类器
```

```
#隐藏层
#输入维度 (n_feature * 5 * 5)
#输出维度 (50)
if self.p > 0:
    x = self.drop(x)
x = self.fc1(x)
x = F.relu(x)
#输出层
#输入维度 (50)
#输出维度 (3)
if self.p > 0:
    x = self.drop(x)
x = self.fc2(x)
return x
```

"丢弃是怎么回事?"

在下一节将更深入地研究它，此时需要先完成模型类。还有什么要做的？forward 方法的实现过程如下。

更高级的模型(前向传递)

```
def forward(self, x):
    x = self.featurizer(x)
    x = self.classifier(x)
    return x
```

它接受**输入**(在本例中是一小批图像)，首先通过 **featurizer** 运行它们，然后通过 **classifier** 运行生成的特征，分类器产生 **3 个 logit**，每个类一个。

丢弃

丢弃是深度学习模型的重要组成部分。它被用来作为**正则化器**，也就是说，它试图通过**强制模型**找到**不止一种方法实现目标**来**防止过拟合**。

正则化背后的一般思想是，如果不加以控制，模型将尝试找到"简单的出路"(您能怪它吗?!)以实现目标。这是什么意思？这意味着它可能最终**依赖于少数特征**，因为发现这些特征在训练集中更具相关性。也许它们是，也许它们不是……这很可能是**统计上的侥幸**，无法预计，对吧？

为了使模型更加稳健，一些特征被随机**拒绝**，因此它必须**以不同的方式**实现目标。它使训练更难，但它应该导致**更好的泛化**，也就是说，模型在处理**未见过的数据**(如验证集中的数据点)时可以表现得更好。

整个过程看起来很像**随机森林**中用于执行分割的**特征随机化**。每棵树，甚至每个拆分都**只能访问特征的子集**。

"这种'特征随机化'如何在深度学习模型中发挥作用?"

为了说明这一点，下面构建一个具有单个 Dropout 层的序列模型：

```
dropping_model = nn.Sequential(nn.Dropout(p=0.5))
```

 "为什么我需要一个模型？我不能用**函数式**形式 F.dropout 代替吗？"

是的，函数式的丢弃在这里就可以了，但我也想说明另一点，所以请多多包涵。也创建一些间隔均匀的点，以便更容易理解丢弃的影响。

```
spaced_points = torch.linspace(.1, 1.1, 11)
spaced_points
```

输出：

```
tensor([0.1000, 0.2000, 0.3000, 0.4000, 0.5000, 0.6000, 0.7000,
        0.8000, 0.9000, 1.0000, 1.1000])
```

接下来，使用这些点作为非常简单的模型输入：

```
torch.manual_seed(44)

dropping_model.train()
output_train = dropping_model(spaced_points)
output_train
```

输出：

```
tensor([0.0000, 0.4000, 0.0000, 0.8000, 0.0000, 1.2000, 1.4000,
        1.6000, 1.8000, 0.0000, 2.2000])
```

这里有**很多**需要注意的地方：

- 模型处于 train 模式(非常重要，坚持下去)。
- 由于该模型**没有任何权重**，因此很明显**丢弃会放弃输入**，而**不是权重**。
- 它只丢了 **4 个元素**。
- **其余元素**现在具有**不同的值**。

 "在这个过程中发生了什么？"

首先，**丢弃是概率性的**，因此**每个输入都有 50%的概率被丢弃**。在我们的例子中，碰巧的是，实际上只有 4/10 被丢弃(记住这点)，如图 6.6 所示。

其次，**其余元素**需要**按比例调整** $1/p$。在我们的例子中，这是 2 的一个因子。

```
output_train / spaced_points
```

输出：

```
tensor([0., 2., 0., 2., 0., 2., 2., 2., 2., 0., 2.])
```

 "这种情况是为什么呢？"

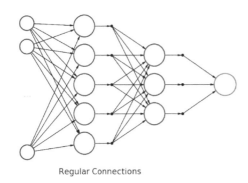
Regular Connections

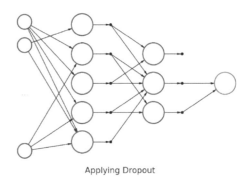
Applying Dropout

● 图 6.6 应用丢弃

这种调整的目的是**保持**(或至少试图)在"遭受"丢弃的特定层中**输出的整体水平**。因此，假设这些输入(在丢弃之后)将提供给一个**线性层**，并且出于教学目的，它的所有**权重都等于 1**(并且偏差等于 0)。如您所知，线性层会将这些权重乘以(丢弃的)输入并将它们相加。

```
F.linear(output_train, weight=torch.ones(11), bias=torch.tensor(0))
```

输出：

```
tensor(9.4000)
```

总和是 9.4。如果没有调整因子，这将是它的**一半**(4.7)。

"好吧，那又怎样？为什么还需要**保留输出的水平**？"

因为**在评价模式下没有丢弃**。我们过去曾简单地讨论过它……丢弃本质上是**随机的**，所以它会对**相同的输入**产生稍微(或者可能不是那么稍微)**不同的预测**。大家不希望这样，那会干扰最终结果。因此，**将模型设置为 eval 模式**(这就是为什么我选择将其设为模型而不是使用函数式丢弃的原因)，并看看那里会发生什么。

```
dropping_model.eval()
output_eval = dropping_model(spaced_points)
output_eval
```

输出：

```
tensor([0.1000, 0.2000, 0.3000, 0.4000, 0.5000, 0.6000, 0.7000,
        0.8000, 0.9000, 1.0000, 1.1000])
```

很枯燥，对吧？这其实没有产生任何作用。

最后，显示 train 和 eval 模式之间**行为的实际差异**。

输入只是**通过**。这意味着什么？其实，接收这些值的**线性层**仍在将它们乘以权重，并将它们相加。

```
F.linear(output_eval, weight=torch.ones(11), bias=torch.tensor(0))
```

输出：

```
tensor(6.6000)
```

这是**所有输入**的总和(因为所有权重都设置为 1，并且没有丢弃任何输入)。如果没有调整因子，评估模式和训练模式的输出会有很大的不同，只是因为在评估模式下会有**更多的项需要加起来**。

 "我仍然不相信……**不调整**的话，输出将是 4.7，比**调整**后的 9.4 更**接近** 6.6……这是怎么回事?"

发生这种情况是因为丢弃是**概率性的**，实际上只有 4/10 的元素被丢弃(这是我要求您记住的关键点)。该因子**根据删除元素的平均数量进行调整**。将概率设置为 50%，因此**平均会删除五个元素**。顺便说一句，如果将种子更改为 45 并重新运行代码，它实际上会丢弃一半的输入，调整后的输出将是 6.4 而不是 9.4。

与其设置不同的随机种子并手动检查它产生的值，不如生成 1000 个场景并计算**调整后丢弃输出的总和**以获得它们的分布。

```
torch.manual_seed(17)
p = 0.5
distrib_outputs = torch.tensor([
    F.linear(F.dropout(spaced_points, p=p), weight=torch.ones(11), bias=torch.tensor
(0))
    for _ in range(1000)
])
```

如图 6.7 所示，对于这组输入，带有丢弃的简单线性层的输出将**不再是 6.6**，而是**介于 0 和 12 之间**。尽管如此，所有场景的均值都非常接近 6.6。

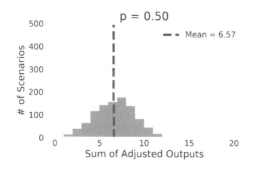

图 6.7 输出的分布

 丢弃不仅会**删除一些输入**，而且由于其概率性质，会**产生输出分布**。换句话说，模型需要学习如何处理在**没有丢弃的情况下**以输出的值为**中心的数值分布**。

此外，**丢弃概率**的选择决定了输出的**分布**范围，如图 6.8 所示。

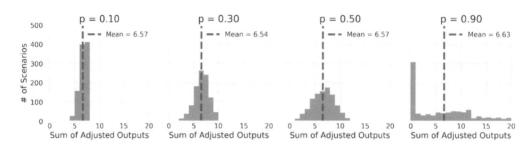

● 图 6.8　丢弃概率的输出分布

在图 6.8 的左侧，如果几乎没有任何丢弃($p = 0.10$)，则调整后输出的总和紧密地分布在平均值周围。对于更**典型的丢弃概率**(如 30% 或 50%)，分布**可能**会采用一些更极端的数值。

如果走**极端**，比如 90% 的丢弃概率，分布会有点退化，我想说……它几乎无处不在(而且它有很多场景，所有东西都会被丢弃，因此在 0 处有一个高条)。

 输出分布的方差随着丢弃概率的增加而增加。较高的丢弃概率会使您的模型更难学习——这就是正则化的作用。

 "我可以在**卷积层**中使用**丢弃**吗？"

▶ 二维丢弃

是的，您可以，但不是**那样**丢弃。卷积层有一个**特定的丢弃**：nn.Dropout2d。但是，它的丢弃过程有些不同：它不是丢弃单个输入(也就是某个通道中的像素值)，而是**丢弃整个通道/滤波器**。因此，如果一个卷积层产生了 10 个滤波器，则概率为 50% 的二维丢弃将丢弃 **5 个滤波器**(平均而言)，而其余滤波器的所有像素值都保持不变。

 "为什么它会丢弃整个通道而不是丢弃像素？"

随机丢弃像素对正则化没有多大作用，因为**相邻像素是强相关的**，也就是说，它们具有非常相似的值。您可以这样想：如果有一些**坏点像素随机分布在图像中**，那么丢失的像素有可能会很容易地被相邻像素的值填充。另一方面，如果删除了一个完整的通道(在 RGB 图像中)，**颜色会发生变化**(幸运的话可以找出丢失通道的值)。

图 6.9 说明了常规和二维丢弃过程对数据集图像的影响。

当然，在更深的层次中，通道和颜色之间不再有对应关系，但每个通道仍然编码一些特征。通过随机丢弃一些通道，二维丢弃实现了所需的正则化。

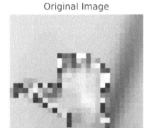

Original Image   Regular Dropout   Two-Dimensional Dropout

图6.9　使用 Dropout2d 丢弃通道

现在，通过将它的丢弃概率设置为 30%，并观察它的表现来让模型**更难**学习……

模型配置

配置部分简短明了：创建一个**模型**、一个**损失函数**和一个**优化器**。

该模型将是 CNN2 类的一个实例，具有 **5 个滤波器**和 **30%的丢失概率**。数据集有 3 个类，所以使用 CrossEntropyLoss（它将采用模型产生的 **3 个 logit**）。

 优化器

关于**优化器**，此处需要放弃 SGD 优化器，并使用 Adam 进行更改。正如在第 0 章中所了解的，随机梯度下降简单明了，但它也很慢。到目前为止，SGD 的训练速度不是问题，因为我们的问题非常简单。但是，随着模型变得更加复杂，可以从选择不同的优化器中受益。

 自适应矩估计（Adam）使用**自适应学习率**，计算**每个参数**的学习率。是的，您没看错：**每个参数都有自己的学习率**。如果您深入研究 Adam 优化器的 state_dict，会发现张量的形状类似于模型中每一层的参数，Adam 将使用这些参数来计算相应的学习率。这是真实的情况。

众所周知，Adam 可以**快速**获得良好的结果，并且它可能是优化器的安全选择。我们将在后面的章节中再讨论它的内部工作原理。

 学习率

需要记住的另一件事是 0.1 不会再作为学习率。还记得当学习率**太大**时会发生什么吗？损失不会下降，甚至更糟糕的是会上升。因此，需要**更小**的学习率。对于这个例子，使用 3e−4，即"Karpathy 常数"[97]。尽管这是一个玩笑，但它仍然处于正确的数量级，所以完全可以试一试。

模型配置

```
1  torch.manual_seed(13)
2  model_cnn2 = CNN2(n_feature=5, p=0.3)
3  multi_loss_fn = nn.CrossEntropyLoss(reduction='mean')
4  optimizer_cnn2 = optim.Adam(model_cnn2.parameters(), lr=3e-4)
```

已经准备好了一切，开始了……

模型训练

再次，使用 StepByStep 类处理模型训练。

模型训练

```
1  sbs_cnn2 = StepByStep(model_cnn2, multi_loss_fn, optimizer_cnn2)
2  sbs_cnn2.set_loaders(train_loader, val_loader)
3  sbs_cnn2.train(10)
```

您应该期望训练**需要一段时间**，因为这个模型比以前的模型更复杂（6823 个参数，而上一章的模型是 213 个参数）。训练完成后，计算的损失应如图 6.10 所示。

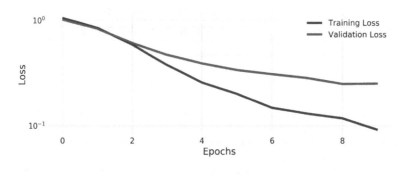

• 图 6.10　损失

```
fig = sbs_cnn2.plot_losses()
```

准确率

还可以检查每个类别模型的准确率。

```
StepByStep.loader_apply(val_loader, sbs_cnn2.correct)
```

输出：

```
tensor([[ 92, 124],
        [106, 124],
        [115, 124]])
```

该模型在 372 个参数中得到了 313 个正确答案。验证集的准确率为 84.1%——还不错哦!

正则化效果

丢弃层用于**正则化**,即它们应该**减少过拟合**并**提高泛化能力**。

(凭经验)通过训练一个除了*丢弃之外的*所有方面都相同的模型来验证这一说法,并**比较它们的损失和准确率**。

```
torch.manual_seed(13)
#模型配置
model_cnn2_nodrop = CNN2(n_feature=5, p=0.0)
multi_loss_fn = nn.CrossEntropyLoss(reduction='mean')
optimizer_cnn2_nodrop = optim.Adam(model_cnn2_nodrop.parameters(), lr=3e-4)
#模型训练
sbs_cnn2_nodrop = StepByStep(
    model_cnn2_nodrop, multi_loss_fn, optimizer_cnn2_nodrop
)
sbs_cnn2_nodrop.set_loaders(train_loader, val_loader)
sbs_cnn2_nodrop.train(10)
```

然后可以将上面模型的损失(*无丢弃*)与之前模型的损失(**30%的丢弃**)一起绘制,如图 6.11 所示。

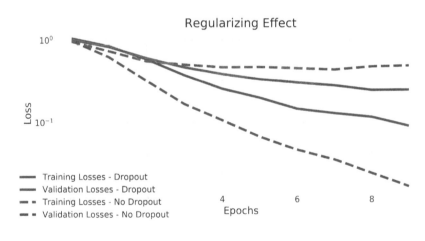

● 图 6.11　损失(有和没有正则化)

这实际上很好地描述了**使用丢弃的正则化效果**。

- **丢弃**会使训练损失**更大**——毕竟,丢弃使训练更难。
- 使用**丢弃**时,验证损失**更小**——这意味着模型的**泛化能力更好**,并且在看不见的数据上实现了更好的性能,这是使用像丢弃这样的正则化方法的重点。

还可以通过查看集合和模型的准确率来观察这种效果。首先,**没有丢弃**的模型,预计会**过拟合训练数据**。

```
print(StepByStep.loader_apply( train_loader, sbs_cnn2_nodrop.correct).sum(axis=0),
    StepByStep.loader_apply( val_loader, sbs_cnn2_nodrop.correct).sum(axis=0))
```

输出：

```
tensor([2518, 2520]) tensor([293, 372])
```

训练集上的准确率为 99.92%，而验证集上的准确率为 78.76%……看起来像是过拟合了。
然后，看一下模型的正则化版本。

```
print(StepByStep.loader_apply( train_loader, sbs_cnn2.correct).sum(axis=0),
    StepByStep.loader_apply( val_loader, sbs_cnn2.correct).sum(axis=0))
```

输出：

```
tensor([2504, 2520]) tensor([313, 372])
```

训练集上的准确率为 99.36%——仍然相当高。但是现在在验证集上得到了 84.13% 的结果……
训练和验证的准确率之间的**差距缩小**总是一个好兆头。您还可以尝试**不同**的丢弃**概率**，并观察结果
有多好(或更差)。

▶ 可视化滤波器

该模型中有**两个**卷积层，将它们可视化。对于第一个卷积层 conv1(如图 6.12 所示)，得到：

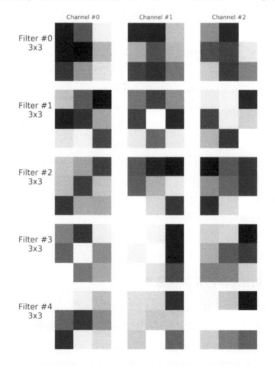

• 图 6.12 可视化 conv1 层的滤波器

```
model_cnn2.conv1.weight.shape
```

输出：

```
torch.Size([5, 3, 3, 3])
```

它的形状表明它为**3 个输入通道**中的每一个通道生成了**5 个滤波器**（总共 15 个滤波器），每个滤波器是 3×3 像素。

```
fig = sbs_cnn2.visualize_filters('conv1')
```

对于第二个卷积层 conv2（如图 6.13 所示），得到：

```
model_cnn2.conv2.weight.shape
```

输出：

```
torch.Size([5, 5, 3, 3])
```

它的形状表明它为**5 个输入通道**中的每一个通道生成了**5 个滤波器**（总共 25 个滤波器），每个滤波器是 3×3 像素。

```
fig = sbs_cnn2.visualize_filters('conv2')
```

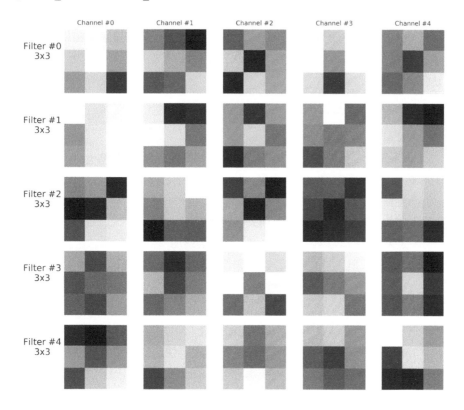

● 图 6.13　可视化 conv2 层的滤波器

学习率

是时候开始"**深聊**"了……不能再推迟了，下面谈谈**选择学习率**的问题吧！众所周知，学习率是所有超参数中**最重要的**——它驱动**参数的更新**，也就是说，它驱动**模型学习的速度**(因此，称学习率)。

对于一个给定的模型(或数据集)来说，选择一个好的学习率是一项艰巨的任务，其主要是通过**反复试验**来完成，因为还没有找到最佳学习率的分析方法。但可以肯定的一点是，它应该**小于 1.0**，并且可能**大于 1e-6**。

 "嗯，这看起来没什么用……"

确实，这貌似没什么用。所以，下面讨论如何让它展示得**更具体一点**。

在前面的章节，使用 **0.1** 作为学习率，这**有点大**，但对于非常简单的问题效果很好。然而，随着模型变得越来越复杂，这个值对它们来说肯定太大了，**小一个数量级(0.01)**是一个更好的**起点**。

 "如果还是太大，损失不降怎么办?"

这是一种真实的可能性，处理这种情况的一种可能方法是执行**网格搜索**，在几个周期上尝试**多个学习率**，并比较损失的演变。从计算上讲，这很昂贵，因为需要多次训练模型，但如果您的模型不太大，它仍然是可行的。

 "我如何为网格搜索选择数值?"

将学习率降低**很多**是司空见惯的。因此，您学习率的数值很可能是[0.1, 0.03, 0.01, 3e-3, 1e-3, 3e-4, 1e-4](使用因子 3)或[0.1, 0.01, 1e-3, 1e-4, 1e-5](使用因子 10)。一般来说，如果将学习率与相应的损失进行对比，您应该期望得到以下结果。

- 如果学习率**太小**，模型学不到什么，**损失仍然很高**。
- 如果学习率**太大**，模型不会收敛到一个解，**损失会增加**。
- 在这两个极端**之间**，损失应该更小，这意味着**学习率的数量级正确**。

▶▶ 寻找 LR

事实证明，您**不必像**上面那样对学习率进行**网格搜索**。2017 年，Leslie N. Smith 发表了"Cyclical Learning Rates for Training Neural Networks"[98]，其中他概述了**快速找到初始学习率适当范围的程序**(稍后将详细介绍该论文的循环部分)。这种技术称为 **LR 范围测试**，它是一种非常简单的解决方案，可以初步估计适当的学习率。

总体思路与网格搜索几乎相同：它尝试多个学习率并记录相应的损失。但不同之处在于：**它评估单个小批量的损失**，然后在进入下一个小批量之前更改学习率。

这在**计算上很方便**(它只为每个候选者执行一个训练步骤),并且可以在**同一个训练循环中**执行。

 "等一下!结果不会受到之前使用不同学习率执行的训练步骤的影响吗?"

嗯,从技术上讲,是的。但这没什么太大问题:首先,正在寻找的学习率是**大致估计**的,不是精确值;其次,这些更新几乎不会将模型从其初始状态移动。忍受这种差异比每次都重置模型更容易。

首先,需要定义测试的**边界**(start_lr 和 end_lr),以及从一个到另一个的**迭代次数**(num_iter)。最重要的是,可以选择更改增量的**方式**:线性或指数。构建一个高阶函数,它接受这些参数并返回另一个函数,该函数返回给定当前迭代次数的乘法因子。

高阶学习率函数生成器

```
1   def make_lr_fn(start_lr, end_lr, num_iter, step_mode='exp'):
2       if step_mode == 'linear':
3           factor = (end_lr / start_lr - 1) / num_iter
4           def lr_fn(iteration):
5               return 1 + iteration * factor
6       else:
7           factor = (np.log(end_lr) - np.log(start_lr)) / num_iter
8           def lr_fn(iteration):
9               return np.exp(factor)** iteration
10      return lr_fn
```

现在,试一试:假设想在 0.01 和 0.1 之间尝试**10 种不同的学习率**,并且增量应该是指数级的。

```
start_lr = 0.01
end_lr = 0.1
num_iter = 10
lr_fn = make_lr_fn(start_lr, end_lr, num_iter, step_mode='exp')
```

两个比率之间的**系数为 10**。如果将此函数应用于从 0 到 10 的迭代数序列,则得到的结果如下。

```
lr_fn(np.arange(num_iter + 1))
```

输出:

```
array([ 1.       , 1.25892541, 1.58489319, 1.99526231,
        2.51188643, 3.16227766, 3.98107171, 5.01187234,
        6.30957344, 7.94328235, 10.       ])
```

如果将这些值**乘以初始学习率**,将得到一系列从 0.01 到 0.1 的学习率,正如预期的那样。

```
start_lr * lr_fn(np.arange(num_iter + 1))
```

输出:

```
array([0.01 ,       0.01258925, 0.01584893, 0.01995262,
       0.02511886, 0.03162278, 0.03981072, 0.05011872,
       0.06309573, 0.07943282, 0.1       ])
```

"很棒，但是如何**更改**优化器的**学习率**？"

很高兴您问这个问题！事实证明，可以将**调度器**分配给优化器，以便它随时**更新学习率**。我们将在这几节深入探讨学习率调度程序。现在，只要知道可以使用带有**自定义函数**的调度器**使其遵循像上面那样的一系列值**就足够了。巧合？我想并不是！这就是使用 lr_fn 的目的。

```
dummy_model = CNN2(n_feature=5, p=0.3)
dummy_optimizer = optim.Adam(dummy_model.parameters(), lr=start_lr)
dummy_scheduler = LambdaLR(dummy_optimizer, lr_lambda=lr_fn)
```

LambdaLR 调度器将优化器和自定义函数作为参数，并相应地修改该优化器的学习率。但是，要实现它，需要调用**调度器的 step 方法**，但只能在**调用优化器自己的 step 方法之后**。

```
dummy_optimizer.step()
dummy_scheduler.step()
```

进行完这**一步**之后，学习率应该已经更新以匹配数组中的第二个值（0.01258925）。使用调度器的 get_last_lr 方法仔细检查它。

```
dummy_scheduler.get_last_lr()[0]
```

输出：

```
0.012589254117941673
```

看起来很完美！现在构建**实际的范围测试**。要进行的操作如下。

- 由于同时更新**模型和优化器**，所以需要**存储它们的初始状态**，以便最终恢复它们。
- 创建**自定义函数**和相应的**调度器**，就像在上面的片段中一样。
- （重新）在**小批量**上实现**训练循环**，因此可以**记录**每一步的**学习率和损失**。
- **恢复**模型和优化器状态。

此外，由于使用**单个小批量**来评估损失，因此结果值可能会上下跳动很多。所以，最好使用**指数加权移动平均**（**EWMA**）来**平滑曲线**（我们将在下一节中更详细地讨论 EWMA），以便更轻松地识别数值的趋势。

以下是该方法的样子。

StepByStep *方法*

```
def lr_range_test(self, data_loader, end_lr, num_iter=100, step_mode='exp',
                  alpha=0.05, ax=None):
    #由于测试更新了模型和优化器
    #所以需要存储它们的初始状态以在最后恢复它们
    previous_states = {'model': deepcopy(self.model.state_dict()),
                       'optimizer': deepcopy(self.optimizer.state_dict())}
    #检索优化器中设置的学习率
    start_lr = self.optimizer.state_dict()['param_groups'][0]['lr']

    #构建自定义函数和相应的调度器
```

```
lr_fn = make_lr_fn(start_lr, end_lr, num_iter)
scheduler = LambdaLR(self.optimizer, lr_lambda=lr_fn)

#跟踪结果和迭代的变量
tracking = {'loss':[], 'lr':[]}
iteration = 0

#如果数据加载器中的迭代次数多于小批量
#则必须多次循环
while (iteration < num_iter):
    #这是典型的小批量内循环
    for x_batch, y_batch in data_loader:
        x_batch = x_batch.to(self.device)
        y_batch = y_batch.to(self.device)
        #步骤 1
        yhat = self.model(x_batch)
        #步骤 2
        loss = self.loss_fn(yhat, y_batch)
        #步骤 3
        loss.backward()

        #在这里,跟踪损失(平滑)和学习率
        tracking['lr'].append(scheduler.get_last_lr()[0])
        if iteration == 0:
            tracking['loss'].append(loss.item())
        else:
            prev_loss = tracking['loss'][-1]
            smoothed_loss = alpha * loss.item() + (1-alpha) * prev_loss
            tracking['loss'].append(smoothed_loss)

        iteration += 1
        #达到的迭代次数
        if iteration == num_iter:
            break

        #步骤 4
        self.optimizer.step()
        scheduler.step()
        self.optimizer.zero_grad()

#恢复原始状态
self.optimizer.load_state_dict(previous_states['optimizer'])
self.model.load_state_dict(previous_states['model'])

if ax is None:
    fig, ax = plt.subplots(1, 1, figsize=(6, 4))
else:
    fig = ax.get_figure()
```

```
ax.plot(tracking['lr'], tracking['loss'])
if step_mode == 'exp':
    ax.set_xscale('log')
ax.set_xlabel('Learning Rate')
ax.set_ylabel('Loss')
fig.tight_layout()
return tracking, fig
```

```
setattr(StepByStep, 'lr_range_test', lr_range_test)
```

由于该技术应该应用于**未经训练的模型**，因此在这里创建一个新模型（和优化器）。

模型配置

```
torch.manual_seed(13)
new_model = CNN2(n_feature=5, p=0.3)
multi_loss_fn = nn.CrossEntropyLoss(reduction='mean')
new_optimizer = optim.Adam(new_model.parameters(), lr=3e-4)
```

接下来，创建一个 StepByStep 的实例，并使用**训练数据加载器**、学习率的**上限**（end_lr）以及希望它尝试多少次迭代来调用新方法。

学习率范围测试

```
sbs_new = StepByStep(new_model, multi_loss_fn, new_optimizer)
tracking, fig = sbs_new.lr_range_test(train_loader, end_lr=1e-1, num_iter=100)
```

如图 6.14 所示显示为一条 **U 形曲线**。显然，Karpathy 常数（3e-4）对于我们的模型来说**太低**了。曲线的**下降部分**是应该瞄准的区域：大约 0.01。

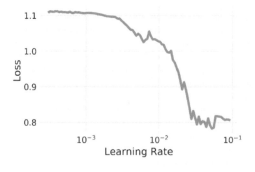

●图 6.14　学习率查找器

这意味着可以使用更高的学习率（如 0.005）来训练模型。但这也意味着需要**重新创建优化器**并**在 sbs_new 中更新它**。首先，创建一个设置其优化器的方法。

StepByStep *方法*

```
def set_optimizer(self, optimizer):
    self.optimizer = optimizer
```

```
setattr(StepByStep, 'set_optimizer', set_optimizer)
```

然后，创建并设置新的优化器，并像往常一样训练模型。

更新 LR 和模型训练

```
new_optimizer = optim.Adam(new_model.parameters(), lr=0.005)
sbs_new.set_optimizer(new_optimizer)
sbs_new.set_loaders(train_loader, val_loader)
sbs_new.train(10)
```

如果您尝试一下，会发现训练损失实际上下降得更快(并且模型可能过拟合)。

免责声明：学习率查找器肯定不是万能的魔法。有时您**不会**得到 U 形曲线……可能初始学习率(在优化器中定义)已经太大了，或者 end_lr 太小了。即使您这样做了，也不一定意味着下降部分的中点会给模型提供最快的学习率。

"好吧，如果我从一开始就选择了一个好的学习率，就可以顺利完成训练了吗?"

对不起，**还不行**……好吧，这要看情况，对于更简单(真实且不虚假)的问题可能不是问题。这里的问题是，对于更大的模型，**损失面**(第 0 章开始讲解的知识点)变得**非常混乱**，并且在模型训练开始时**效果很好的学习率**，可能对于模型训练的**后期阶段来说太大了**。这意味着学习率需要**改变**或**适应**……

LRFinder

上面实现的功能是相当基础的。对于更多功能的实现，请查看 Python 软件包：torch_lr_finder[99]。我在这里说明它的用法，这与上面所做的非常相似，但还请参阅文档以获取更多详细信息。

```
!pip install --quiet torch-lr-finder
from torch_lr_finder import LRFinder
```

需要先使用典型的模型配置对象(如模型、优化器、损失函数和设备等)创建 **LRFinder** 的实例，而不是直接调用函数。然后，可以使用 range_test 方法进行测试，为其提供熟悉的参数：数据加载器、学习率的上限和迭代次数。reset 方法用于恢复模型和优化器的原始状态。

```
torch.manual_seed(11)
new_model = CNN2(n_feature=5, p=0.3)
multi_loss_fn = nn.CrossEntropyLoss(reduction='mean')
new_optimizer = optim.Adam(new_model.parameters(), lr=3e-4)
device = 'cuda' if torch.cuda.is_available() else 'cpu'

lr_finder = LRFinder(new_model, new_optimizer, multi_loss_fn, device=device)
lr_finder.range_test(train_loader, end_lr=1e-1, num_iter=100)
lr_finder.plot(log_lr=True)
lr_finder.reset()
```

从上图可见，不完全是 U 形，但仍然可以看出 1e-2 是一个很好的起点。

 自适应学习率

这就是 **Adam** 优化器实际上做的事情……它从作为参数提供的学习率开始，但它会随着学习率的变化而**调整**，并针对模型中的每个参数以不同的方式对其进行调整。或者**是如下这样吗**？

说实话，Adam 并**没有调整学习率**，它真正**调整的是梯度**。但是，由于参数更新是由学习率和梯度这两项相乘给出的，所以这是一个没有区别的区分。

Adam 结合了其他两个优化器的特性：SGD（带动量）和 RMSProp。与前者一样，它使用**梯度的移动平均值**而不是梯度本身（这是一阶矩，用统计术语来说）；与后者一样，它使用**平方梯度的移动平均值来缩放梯度**（这是统计术语中的二阶矩或非中心方差）。

但这不是一个简单的平均值，而是一个**移动平均值**，并且它不是任何移动平均值，而是**指数加权移动平均值（EWMA）**。

不过，在深入研究 EWMA 之前，需要简要介绍一下移动平均值。

移动平均值（MA）

要计算给定特征 x 在一定数量周期内的移动平均值，只需对在这么多时间步长内观察到的值进行平均（从观察到的周期+1 步前的初始值一直到**当前值**）。

$$\mathrm{MA}_t(周期, x) = \frac{1}{周期}(x_t + x_{t-1} + \cdots + x_{t-周期+1})$$

式 6.1　移动平均值

但是，不计算这些值本身的平均，而是计算**这些值的平均年龄**。**当前值**的**年龄等于一**个时间单位，而移动平均值中**最老的值**的**年龄等于周期**个时间单位，因此**平均年龄**由以下公式给出：

$$平均年龄_{MA} = \frac{1+2+\cdots+周期}{周期} = \frac{周期+1}{2}$$

式 6.2　MA 的平均年龄

对于一个 **5 周期移动平均值**来说，其值的**平均年龄**是 **3** 个时间单位。

"为什么要关心这些值的平均年龄？"

当然，在简单的移动平均值的背景下，这似乎有点多余。但是，正如您将在下一小节中看到的那样，**EWMA 不会直接**在其公式中**使用周期数**：必须依靠其值的**平均年龄**来估计其(等效)周期数。

"那为什么要使用 EWMA？"

EWMA 的计算比传统的移动平均值更**实用**，因为它**只有两个输入**：上一步中的 **EWMA** 值和被平均的变量的**当前值**。有两种表示其公式的方法，使用 α 或 β：

$$\text{EWMA}_t(\alpha, x) = \alpha\, x_t + (1-\alpha)\,\text{EWMA}_{t-1}(\alpha, x)$$
$$\text{EWMA}_t(\beta, x) = (1-\beta)\, x_t + \beta\, \text{EWMA}_{t-1}(\beta, x)$$

式 6.3　EWMA

第一种选择，使用 α 作为**当前值的权重**，在金融等其他领域最为常见。但是，由于某种原因，β 替代方案是讨论 Adam 优化器时常见的替代方案。

采用第一个替代方案并稍微**扩展等式**：

$$\text{EWMA}_t(\alpha, x) = \alpha\, x_t + (1-\alpha)\left[\alpha\, x_{t-1} + (1-\alpha)\,\text{EWMA}_{t-2}(\alpha, x)\right]$$
$$= \alpha\, x_t + (1-\alpha)\,\alpha\, x_{t-1} + (1-\alpha)^2 \alpha\, x_{t-2} + \cdots$$
$$= (1-\alpha)^0 \alpha\, x_{t-0} + (1-\alpha)^1 \alpha\, x_{t-1} + (1-\alpha)^2 \alpha\, x_{t-2} + \cdots$$
$$= \alpha\left[(1-\alpha)^0 x_{t-0} + (1-\alpha)^1 x_{t-1} + (1-\alpha)^2 x_{t-2} + \cdots\right]$$

式 6.4　EWMA——扩展版本

第一个元素按面值计算，但其余的元素都根据其相应的**滞后**(lag)进行**折扣**。

"什么是滞后？"

它只是**与当前值的距离，以时间为单位**。因此，过去**一个时间单位**的特征 x 的值就是**滞后 1 处**的特征 x 的值。

在计算出上述表达式之后，最终得到一个**表达式**，其中每项都有一个指数，取决于相应的**滞后数**。可以使用这些信息对其进行汇总：

$$\text{EWMA}_t(\alpha, x) = \alpha \sum_{\text{lag}=0}^{T-1} \underbrace{(1-\alpha)^{\text{lag}}}_{\text{weight}} x_{t-\text{lag}}$$

公式 6.5　EWMA——基于滞后

在上面的表达式中，T 是**观察值的总数**。因此，**EWMA 会考虑每一个值**，无论它在过去多长时间内。但是，由于**权重**(weigh，折扣因子)，一个值越**老**，它对总和的**贡献**就越**小**。

较高的 α 值对应**快速缩小的权重**，也就是说，**较老的值几乎没有影响**。

下面看看**权重**如何分布在两个平均值的滞后上，一个 α 等于 1/3 的 EWMA 和一个简单的 5 周期移动平均值，如图 6.15 所示。

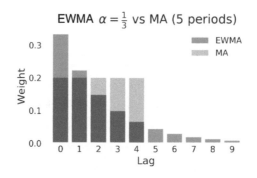

●图 6.15　滞后期的权重分布

看到区别了吗？在简单的**移动平均值**中，每个值都具有**相同的权重**，也就是说，它们对平均值的贡献相同。但是，在 **EWMA** 中，**较新**的值比老值具有**更大的权重**。

它们可能看起来并不像，但上面的**两个平均值**有**一些共同点**，其值的**平均年龄**大致相同。很有趣，对吧？

因此，如果在 **5 个周期移动平均值**中值的**平均年龄为 3**，应该（大约）得出与在上述 EWMA 中值的**年龄相同的值**。下面了解为什么会这样。也许您还没有注意到，但是**滞后为 0** 对应**一个时间单位的年龄**，滞后为 1 对应两个时间单位的年龄，以此类推。可以使用此信息来**计算**在 EWMA 中值的**平均年龄**：

$$\text{平均年龄}_{EWMA} = \alpha \sum_{lag=0}^{T-1} (1-\alpha)^{lag}(lag+1) \approx \frac{1}{\alpha}$$

式 6.6　EWMA 的平均年龄

随着观察值总数（T）的增加，**平均年龄接近 α 的倒数**。其实，我不是为了在这里展示这一点，而是，我正在向您展示一段代码，以数字方式"证明"它。

您可能会对 T 的值感到疯狂，徒劳地试图接近无穷大，但 20 个周期足以说明问题。

```
alpha = 1/3; T = 20
t = np.arange(1, T + 1)
age = alpha * sum((1 - alpha) ** (t - 1) * t)
age
```

输出：

```
2.9930832408241015
```

这已经足够了，对吧？如果您不相信，请尝试使用 93 个周期（或更多）。

现在知道如何计算**给定 α** 的 EWMA 的**平均年龄**，可以找出**哪个（简单）移动平均值**具有**相同的平均年龄**：

$$\text{平均年龄} = \frac{\text{周期}+1}{2} = \frac{1}{\alpha} \Rightarrow \alpha = \frac{2}{\text{周期}+1}; \quad \text{周期} = \frac{2}{\alpha} - 1$$

式 6.7　α 与周期

继续分析，α 的值和移动平均值的**周期数**之间有一种简单且直接的关系。猜猜如果您将 α 的值切断 **1/3** 会发生什么？您将得到相应的周期数：**5**。使用 α 的 EWMA 等于 1/3 对应于 5 个周期移动平均值。

它也可以反过来工作：如果想计算等效于 19 个周期移动平均值的 EWMA，则相应的 α 将为 0.1。而且，如果使用基于 β 的 EWMA 公式，那就是 0.9。同样，要计算等效于 1999 个周期移动平均值的 EWMA，α 和 β 将分别为 0.001 和 0.999。

这些选择根本**不是随机的**：事实证明，对于 β，**Adam** 使用**两个值**(一个用于梯度的移动平均值，另一个用于平方梯度的移动平均值)。

在代码中，EWMA 的 α 版本的实现如下所示。

```python
def EWMA(past_value, current_value, alpha):
    return (1 - alpha) * past_value + alpha * current_value
```

为了在一系列数值上计算它，给定一个周期，可以定义一个这样的函数。

```python
def calc_ewma(values, period):
    alpha = 2 / (period + 1)
    result = []
    for v in values:
        try:
            prev_value = result[-1]
        except IndexError:
            prev_value = 0

        new_value = EWMA(prev_value, v, alpha)
        result.append(new_value)
    return np.array(result)
```

在 try...except 块中，您可以看到，如果 EWMA 没有先前的值(如在第一步中)，则它假定先前的值为 0。

EWMA 的构建方式有其问题……因为它不需要跟踪其周期内的所有值，因此在**第一步**中，"平均值"将**偏离**(或有**偏差**)。对于 α = 0.1(对应 19 个周期的平均值)，第一个"平均值"将恰好是第一个值除以 10。

为了解决这个问题，可以计算**偏差校正的 EWMA**：

$$\text{偏差校正EWMA}_t(x,\beta) = \frac{1}{1-\beta^t}\text{EWMA}_t(x,\beta)$$

式 6.8　偏差校正 EWMA

上式中的 β 和之前一样：1−α。在代码中，可以像如下这样实现校正因子。

```python
def correction(averaged_value, beta, steps):
    return averaged_value / (1 - (beta ** steps))
```

为了在一系列数值上计算校正的 EWMA，可以使用如下函数。

```
def calc_corrected_ewma(values, period):
    ewma = calc_ewma(values, period)

    alpha = 2 / (period + 1)
    beta = 1 - alpha

    result = []
    for step, v in enumerate(ewma):
        adj_value = correction(v, beta, step + 1)
        result.append(adj_value)

    return np.array(result)
```

将两个 EWMA 与常规移动平均值一起应用于一系列**温度值**以说明差异，如图 6.16 所示。

```
temperatures = np.array([5, 11, 15, 6, 5, 3, 3, 0, 0, 3, 4, 2, 1,
                        -1, -2, 2, 2, -2, -1, -1, 3, 4, -1, 2, 6, 4, 9, 11, 9, -2])

ma_vs_ewma(temperatures, periods=19)
```

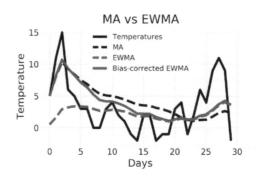

● 图 6.16　移动平均值与 EWMA

正如预期的那样，没有修正的 EWMA(红色虚线)在开始时就**偏离**了方向，而常规移动平均值线(黑色虚线)则更接近于实际值。但是，**校正后的 EWMA** 从一开始就可以很好地跟踪实际值。果然，19 天后，两个 EWMA 几乎无法区分。

EWMA 遇见梯度

谁在乎温度呢？将 EWMA 应用到梯度中，就像 Adam 风格。

对于**每个参数**，计算**两个 EWMA**：一个用于其**梯度**，另一个用于其**梯度的平方**。接下来，使用这两个值来计算该参数的**自适应梯度**：

$$自适应梯度_t = \frac{偏差校正EWMA_t(\beta_1, 梯度)}{\sqrt{偏差校正EWMA_t(\beta_2, 梯度^2) + ?}}$$

式 6.9　自适应梯度

它们就是 Adam 的 β_1 和 β_2 参数，其默认值 0.9 和 0.999 分别对应于 19 个和 1999 个周期的平均值。

因此，它是**平滑梯度**的**短期**平均值，以及**缩放梯度**的**长期**平均值。分母中的"?"值(通常为 1e-8)仅用于防止数字问题。

一旦计算出**自适应梯度**，它就会在参数更新中替换实际的梯度：

$$SGD : 参数_t = 参数_{t-1} - \eta \ 梯度_t$$
$$Adam : 参数_t = 参数_{t-1} - \eta \ 自适应梯度_t$$

式 6.10　参数更新

显然，**学习率**(希腊字母 η)保持不变。

此外，由于**缩放**，大部分时间的**自适应梯度**可能在[-3, 3]范围内(这类似于标准化过程，但没有减去平均值)。

Adam

因此，选择 **Adam** 优化器是满足您学习率需求的一种简单直接的方法。下面看看 PyTorch 的 Adam 优化器及其参数。

- params：模型的参数。
- lr：学习率，默认值 1e-3。
- betas：包含用于 EWMA 的 betas1 和 betas2 的元组。
- eps：分母中的"?"(1e-8)值。

上面的 4 个参数现在应该很清楚了。但是还有以下两个没有谈到。

- weight_decay：L2 惩罚。
- amsgrad：是否应该使用 AMSGrad 变体。

第一个参数 weight_decay(权重衰减)，为模型的权重引入了**正则化项**(L2 惩罚)。与每个正则化过程一样，它旨在通过惩罚具有较大值的权重来防止过拟合。权重衰减这一术语来自这样一个事实，即**正则化实际上通过添加权重值乘以权重衰减参数来增加梯度**。

"*如果它**增加**了梯度，怎么会被称为权重**衰减**?*"

在**参数更新**中，梯度乘以学习率并**减去权重的前值**。因此，实际上，对梯度值添加惩罚会使权重更小。权重越小，惩罚越小，因此进一步减少甚至更小——换句话说——权重正在衰减。

第二个参数 amsgrad，使优化器与同名的变体兼容。简而言之，它修改了用于计算自适应梯度的公式，放弃了偏差校正，而使用平方梯度的 EWMA 的峰值。

目前，我们坚持使用熟知的前 4 个参数。

```
optimizer = optim.Adam(model.parameters(), lr=0.1, betas=(0.9, 0.999), eps=1e-8)
```

可视化自适应梯度

现在，我想让您有机会**可视化**梯度、EWMA 以及由此产生的**自适应梯度**。为了更容易理解，回到本套丛书"卷 I"中的**简单线性回归**问题，有点怀旧，**执行训练循环**，以便可以**记录梯度**。

从现在开始直到"学习率"部分结束，我们将只使用**简单线性回归**数据集来说明不同参数对最小化损失的影响。将在"归纳总结"一节中回到"**石头、剪刀、布**"数据集。

首先，再次生成数据点，并运行典型的数据准备步骤(构建数据集、拆分数据集和构建数据加载器)。

数据生成和准备

```
1  %run -i data_generation/simple_linear_regression.py
2  %run -i data_preparation/v2.py
```

然后，检查模型配置，并将优化器从 SGD 更改为 Adam。

模型配置

```
1  torch.manual_seed(42)
2  model = nn.Sequential()
3  model.add_module('linear', nn.Linear(1, 1))
4  optimizer = optim.Adam(model.parameters(), lr=0.1)
5  loss_fn = nn.MSELoss(reduction='mean')
```

如果不是为了一个小细节，则已经准备好使用 StepByStep 类来训练我们的模型了：仍然没有**记录梯度**的方法。所以，通过在类中添加另一个方法来解决这个问题：capture_gradients。与 attach_hooks 方法一样，它将接受一个应该被监控的梯度值的层列表。

对于每个被监控的层，它会检查它的参数，对于那些需要梯度的参数，它会**创建一个日志函数**(log_fn)并在**对应参数的张量**中为它**注册一个钩子**。

日志函数只是将**梯度附加到**字典条目中与层和参数名称相对应的**列表中**。字典本身_gradients 是类的一个**属性**(将在构造方法中创建，但现在使用 setattr 手动设置它)，代码如下所示。

StepByStep 方法

```
setattr(StepByStep, '_gradients', {})


def capture_gradients(self, layers_to_hook):
    if not isinstance(layers_to_hook, list):
        layers_to_hook = [layers_to_hook]

    modules = list(self.model.named_modules())
    self._gradients = {}

    def make_log_fn(name, parm_id):
        def log_fn(grad):
            self._gradients[name][parm_id].append(grad.tolist())
            return
        return log_fn

    for name, layer in self.model.named_modules():
        if name in layers_to_hook:
            self._gradients.update({name: {}})
            for parm_id, p in layer.named_parameters():
                if p.requires_grad:
                    self._gradients[name].update({parm_id: []})
```

```
                    log_fn = make_log_fn(name, parm_id)
                    self.handles[f'{name}.{parm_id}.grad'] = p.register_hook(log_fn)

            return

setattr(StepByStep, 'capture_gradients', capture_gradients)
```

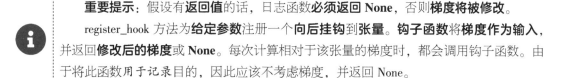

重要提示：假设有**返回值**的话，日志函数**必须返回 None**，否则**梯度将被修改**。

register_hook 方法为**给定参数**注册一个**向后挂钩**到**张量**。**钩子函数**将**梯度作为输入**，并返回**修改后的梯度**或 **None**。每次计算相对于该张量的梯度时，都会调用钩子函数。由于将此函数用于记录目的，因此应该不考虑梯度，并返回 None。

"不是有一个 register_backward_hook 方法吗？为什么不用它？"

这是一个很好的问题。在撰写本书时，此方法仍有一个未解决的问题，因此遵循对单个张量使用 register_hook 的建议。

现在，可以使用新方法为模型的线性层记录梯度，不要忘记在训练后**移除钩子**。

模型训练

```
1  sbs_adam = StepByStep(model, loss_fn, optimizer)
2  sbs_adam.set_loaders(train_loader, val_loader)
3  sbs_adam.capture_gradients('linear')
4  sbs_adam.train(10)
5  sbs_adam.remove_hooks()
```

到训练完成时，将收集两个系列，每个系列有 50 个梯度（每个时期有 5 个小批量），每个系列对应一个 linear 参数（weight 和 bias），它们都存储在 StepByStep 实例的_gradients 属性中。

可以用这些值来计算 EWMA，以及 **Adam 实际用来**更新参数的**自适应梯度**。对 weight 参数进行处理，如图 6.17 所示。

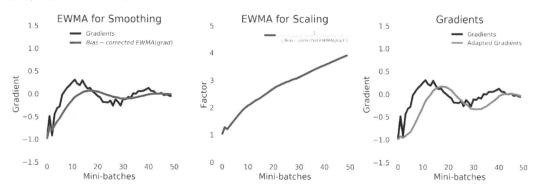

● 图 6.17　使用 EWMA 计算自适应梯度

```
gradients = np.array(sbs_adam._gradients['linear']['weight']).squeeze()
corrected_gradients = calc_corrected_ewma(gradients, 19)
corrected_sq_gradients = calc_corrected_ewma(np.power(gradients, 2), 1999)
adapted_gradients = corrected_gradients / (np.sqrt(corrected_sq_gradients) + 1e-8)
```

在图 6.17 的左图，看到**梯度**(红色)的**偏差校正 EWMA** 正在**平滑**梯度。在中图，偏差校正的梯度平方的 EWMA 被用于**缩放平滑的梯度**。在右图，两个 EWMA 被结合起来计算出**自适应梯度**。

在幕后，Adam 为**每个参数保留两个值**：exp_avg 和 exp_avg_sq，分别代表梯度和平方梯度的(未校正的)EWMA。可以使用优化器的 state_dict 来查看它。

```
optimizer.state_dict()
```

输出：

```
{'state': {140601337662512: {'step': 50,
  'exp_avg': tensor([[-0.0089]], device='cuda:0'),
  'exp_avg_sq': tensor([[0.0032]], device='cuda:0')},
  140601337661632: {'step': 50,
  'exp_avg': tensor([0.0295], device='cuda:0'),
  'exp_avg_sq': tensor([0.0096], device='cuda:0')}},
'param_groups': [{'lr': 0.1,
  'betas': (0.9, 0.999),
  'eps': 1e-08,
  'weight_decay': 0,
  'amsgrad': False,
  'params': [140601337662512, 140601337661632]}]}
```

在它的状态键中，它包含另外两个字典(带有奇怪的数字键)，表示模型的不同参数。在我们的示例中，第一个字典(140614347109072)对应于 weight 参数。由于已经记录了所有的梯度，所以应该能够使用 calc_ewma 函数来复制字典中包含的值。

```
(calc_ewma(gradients, 19)[-1],
 calc_ewma(np.power(gradients, 2), 1999)[-1])
```

输出：

```
(-0.008938403644834258, 0.0031747136253540394)
```

取两个未校正 EWMA 的**最后一个值**，则**匹配**了优化器的状态(exp_avg 和 exp_avg_sq)。准确！

　　"好吧，看起来眼前一亮，但在实践中它比 SGD 好多少呢?"

很好的问题！我们一直在讨论**参数更新的不同**，但现在是时候**展示它如何影响模型训练**了。回到为这个线性回归计算的**损失面**(早在第 0 章就涉及)，并**可视化**每个优化器为使两个参数(更接近)达到它们的最优值所采取的**路径**。

这是很好的操作，但遗漏了另一个小细节：没有**记录参数演变**的方法。猜猜会怎么做？当然是创建另一种方法。

将新方法恰当地命名为 capture_parameters，其工作方式类似于 capture_gradients。它保留一个字典(parameters)作为类的属性，并将**前向钩子注册**到想要记录参数的层。日志函数简单地遍历给定层的参数，并将其值附加到字典中的相应条目。注册本身由之前开发的方法处理：attach_hooks。代码如下所示。

StepByStep *方法*

```python
setattr(StepByStep, '_parameters', {})

def capture_parameters(self, layers_to_hook):
    if not isinstance(layers_to_hook, list):
        layers_to_hook = [layers_to_hook]

    modules = list(self.model.named_modules())
    layer_names = {layer: name for name, layer in modules}

    self._parameters = {}

    for name, layer in modules:
        if name in layers_to_hook:
            self._parameters.update({name: {}})
            for parm_id, p in layer.named_parameters():
                self._parameters[name].update({parm_id: []})

    def fw_hook_fn(layer, inputs, outputs):
        name = layer_names[layer]
        for parm_id, parameter in layer.named_parameters():
            self._parameters[name][parm_id].append(parameter.tolist())

    self.attach_hooks(layers_to_hook, fw_hook_fn)
    return

setattr(StepByStep, 'capture_parameters', capture_parameters)
```

下一步是什么？需要创建两个 StepByStep 实例，每个实例都使用不同的优化器，将它们设置为捕获参数，并训练它们10 个周期。被捕获的参数(偏差和权重)将绘制出以下路径(变色点表示它们的最佳值)，如图 6.18 所示。

在图 6.18 的左图，**简单梯度下降**采用的是典型的、良好(且缓慢)的路径。由于使用**小批量**引入的噪声，则您可以看到它有点**摆动**。在右图，看到了使用指数加权移动平均值的效果：一方面，**它更平滑且移动速度更快**；另一方面，它在接近目标时会**过冲**并且必须**来回改变路线**。如果您愿意，它正在**适应损失面**。

 如果您认可并习惯可视化(和动画化)优化器路径的想法，请务必查看 Louis Tiao 关于该主题的教程[100]。

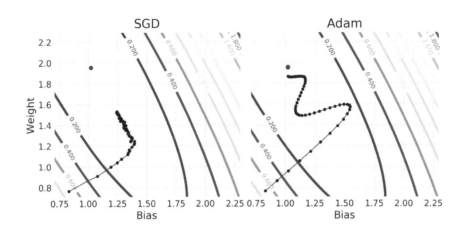

● 图 6.18　SGD 和 Adam 采用的路径

谈到损失，还可以比较每个优化器的训练和验证损失的轨迹，如图 6.19 所示。

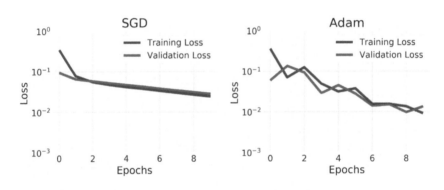

● 图 6.19　损失（SGD 和 Adam）

请记住，损失是在每个周期结束时通过平均小批量的损失来计算的。在图 6.19 的左图，即使 SGD 有一点波动，也可以看到每个时期的损失都比前一个小。在图 6.19 的右图，随着**训练损失的增加，过冲**变得清晰可见。但也很明显，Adam 实现了**更小的损失**，因为它**更接近最优值**（图 6.18 中的变色点）。

　　　　在实际问题中，**几乎不可能绘制损失面**，可以将**损失**视为正在发生事情的"执行摘要"。训练损失有时会在再次下降之前上升，这是意料之中的。

▶ 随机梯度下降（SGD）

自适应学习率确实功能强大，但经典的随机梯度下降（SGD）也有一些技巧。下面看看 PyTorch 的 SGD 优化器及其参数。

- params：模型的参数。
- lr：学习率。
- weight_decay：L2 惩罚。

上面的 3 个参数是已知的。但还有以下 3 个新的参数。

- momentum：动量因子，SGD 自己的 β 参数，是下一节讲解的主题。
- dampening：动量的阻尼因子。
- nesterov：启用 Nesterov 动量，这是常规动量的更智能版本，它也有相关介绍的章节。

此时是深入了解动量的最佳时机。

动量

SGD 的技巧之一就是**动量**。乍一看，它看起来很像使用 EWMA 进行梯度，但事实并非如此。将 EWMA 的 β 公式与动量公式进行比较：

$$\text{EWMA}_t = (1-\beta)\text{梯度}_t + \beta\,\text{EWMA}_{t-1}$$
$$\text{动量}_t = \text{梯度}_t + \beta\,\text{动量}_{t-1}$$

式 6.11　动量与 EWMA

看到不同了吗？它不是对梯度进行平均，而是**计算**"折扣"梯度的累积和。换句话说，**所有过去的梯度**都会对总和有所贡献，但**随着年龄的增长**，它们被"折扣"的程度会越来越大。"折扣"是由 β 参数驱动的，也可以如下这样写动量公式：

$$\text{动量}_t = \beta^0\text{梯度}_t + \beta^1\text{梯度}_{t-1} + \beta^2\text{梯度}_{t-2} + \cdots + \beta^n\text{梯度}_{t-n}$$

式 6.12　合成动量

第二个公式的缺点是它需要完整的梯度历史，而前一个仅取决于梯度的当前值和动量的最新值。

"阻尼因子呢？"

阻尼因子是一种**抑制最新梯度影响**的方法。最新梯度没有增加其全部值，而是通过**阻尼因子减少**了其对动量的贡献。因此，如果阻尼因子为 0.3，则只有 70% 的最新梯度被添加到动量中。其公式由下式给出：

$$\text{动量}_t = (1-\text{阻尼因子})\text{梯度}_t + \beta\,\text{动量}_{t-1}$$

式 6.13　带有阻尼因子的动量

如果**阻尼因子等于动量因子**(β)，它就变成了真正的 EWMA。

与 Adam 类似，带有动量的 SGD **保持每个参数的动量值**。β 参数也存储在那里（momentum）。可以使用优化器的 state_dict 来查看它。

```
{'state': {139863047119488: {'momentum_buffer': tensor([[-0.0053]])},
        139863047119168: {'momentum_buffer': tensor([-0.1568])}},
 'param_groups': [{'lr': 0.1,
```

```
        'momentum': 0.9,
      'dampening': 0,
  'weight_decay': 0,
        'nesterov': False,
        'params': [139863047119488, 139863047119168]}]}
```

尽管以前的梯度逐渐消失，对总和的贡献越来越少，**但最近的梯度几乎是按面值**计算的（假设 β 的典型值为 0.9 并且没有衰减）。这意味着，给定**所有正（或所有负）梯度的序列**，它们的总和（即**动量**）**上升非常快（绝对值）**。由于**动量取代了参数更新中的梯度**，因此大动量转化为**大更新**。

$$SGD：参数_t = 参数_{t-1} - \eta \, 梯度_t$$
$$Adam：参数_t = 参数_{t-1} - \eta \, 自适应梯度_t$$
$$SGD+动量：参数_t = 参数_{t-1} - \eta \, 动量_t$$

式 6.14　参数更新

这种行为可以很容易地在 **SGD 采用动量的路径中可视化**，如图 6.20 所示。

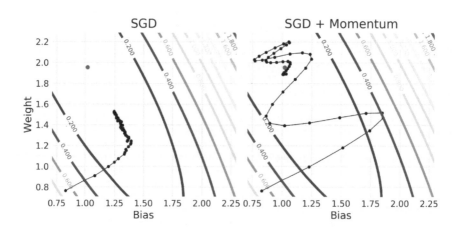

● 图 6.20　SGD 采用的路径（有动量和没有动量）

与 Adam 优化器一样，具有动量的 SGD 也**移动得更快**并且**过冲**。但它似乎被其动力**冲昏了头脑**，以至于它**越过了目标**，不得不**回过头**来从另一个方向接近它。

动量更新的类比是**一个滚下山坡的球**：它以如此快的速度爬上山谷的另一侧，只是再次以稍微慢一点的速度滚下来，如此反复，直到最终到达底部。

 　"使用 Adam 的效果不是已经比这更好了吗？"

是，也不是。Adam 确实更快地收敛到最小值，但不一定是一个好的最小值。在简单线性回归中，存在对应于**参数最优值的全局最小值**。这**不是深度学习模型的情况**：有**很多最小值，有些比其他的更好**（对应于较低的损失）。所以，Adam 会找到其中一个最小值并快速移动到那里，也许会忽略附近更好的选择。

动量一开始可能看起来有点**不准确**，但它可能**与学习率调度器**(稍后会详细介绍)**结合**使用，以**更好地探索损失面**，希望能找到比 Adam 更好的优质最小值。

 两种替代方案，**Adam** 和**具有动量的 SGD**(尤其是与学习率调度器结合使用时)都是常用的。

但是，如果一个滚下山的球对您来说似乎意义不大，那么也许您会更喜欢它的变体……

Nesterov

Nesterov(加速梯度，NAG)是 SGD 的一种具有动量的巧妙变体。假设正在计算如下两个连续步骤(t 和 $t+1$)的**动量**：

$$步骤\ t：动量_t = 梯度_t + \beta\ 动量_{t-1}$$
$$步骤\ t+1：动量_{t+1} = 梯度_{t+1} + \beta\ 动量_t$$

式 6.15　Nesterov 动量

在**当前步骤**(t)中，使用**当前梯度**(t)和**上一步的动量**($t-1$)来计算**当前动量**。到目前为止，没有什么难点。

在**下一步**($t+1$)中，将使用**下一步梯度**($t+1$)和刚刚为**当前步骤计算的动量**(t)来计算**下一步动量**。同样，也没有什么难点。

如果我要求您**计算前一步动量**怎么办？

 "您能在第 t 步时告诉我第 $t+1$ 步的动量吗？"

"当然不能，我不知道第 $t+1$ 步的梯度！"您可能会这么说，对我这个奇怪的问题感到困惑。很正常。所以我再问您一个问题：

 "您对第 $t+1$ 步梯度的最佳猜测是什么？"

我希望您回答"**第 t 步的梯度**"。如果您不知道变量的未来值，那么简单地估计就是它的当前值。所以，以 Nesterov 的方式去进行操作。

简而言之，NAG 所做的就是**试图提前一步计算动量**，因为它只缺少一个值并且它有一个很好的(简单的)猜测，就好像它在计算**两个步骤之间**的动量一样：

$$步骤\ t：动量_t = 梯度_t + \beta\ 动量_{t-1}$$
$$步骤\ t：Nesterov_t = 梯度_t + \beta\ 动量_t$$
$$步骤\ t+1：动量_{t+1} = 梯度_{t+1} + \beta\ 动量_t$$

式 6.16　提前一步计算

一旦计算出 Nesterov 的动量，**它就会替换参数更新中的梯度**，就像常规动量一样。

$$SGD+动量：参数_t = 参数_{t-1} - \eta\ 动量_t$$
$$SGD+Nesterov：参数_t = 参数_{t-1} - \eta\ Nesterov_t$$

式 6.17　参数更新

但是，Nesterov 实际上使用了动量，所以可以像如下这样扩展它的表达式。

$$参数_t = 参数_{t-1} - \eta \ \text{Nesterov}_t$$
$$= 参数_{t-1} - \eta (梯度_t + \beta \ 动量_t)$$
$$= 参数_{t-1} - \eta \ 梯度_t - \beta\eta \ 动量_t$$

式 6. 18　参数更新（扩展）

（？）　"您为什么要这么做？让公式更复杂的目的是什么？"

您马上就会明白为什么了。

SGD 的种类

比较一下 SGD 的 3 个种类：vanilla（常规）、动量和 Nesterov，当涉及它们执行**参数更新**的方式时：

$$SGD：参数_t = 参数_{t-1} - \eta \ 梯度_t$$
$$SGD+动量：参数_t = 参数_{t-1} - \eta \ 动量_t$$
$$SGD+Nesterov：参数_t = 参数_{t-1} - \eta \ 梯度_t - \beta\eta \ 动量_t$$

式 6. 19　参数更新的种类

这就是为什么我在上一节中扩展了 Nesterov 的表达式：这样比较更新会更直观一些。首先，有**常规的 SGD**，它使用**梯度，仅此而已**。然后是**动量**，它使用**过去梯度**的"折扣"之和（动量）。最后是 **Nesterov**，它**结合了这两者**（稍作调整）。

更新有何不同？一起来看看吧！图 6.21 显示了线性回归的 weight 参数的**更新项**（在乘以学习率之前）。

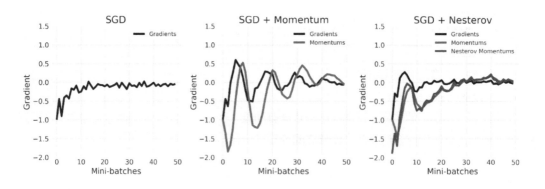

● 图 6.21　与 SGD 种类相对应的更新项

具有动量的 **SGD** 更新项的形状是否敲响了警钟？在优化两个参数时，震荡模式已经在**带有动量的 SGD 所走的路径**中得到了体现：当它过冲时，则必须**反转方向**，并且通过反复这样做，就会产生这些振荡。

Nesterov 动量似乎做得更好：**前瞻性**具有**抑制振荡**的效果（请不要将此效果与实际的抑制参数混淆）。当然，我们的想法是向前看以避免走得太远，但您能事先告诉我这两个图形之间的区别吗？

就连我也不能！好吧，我假设您对这个问题的回答是"否"，这就是为什么我认为说明上述模式是好的原因。

"为什么这些图中的黑线不一样？**底层的梯度**不应该是一样的吗？"

在 3 个种类中确实以相同的方式计算梯度，但由于**更新项不同**，梯度是**在损失面的不同位置计算**的。当查看每个种类所采用的路径时，这一点变得很清楚(如图 6.22 所示)。

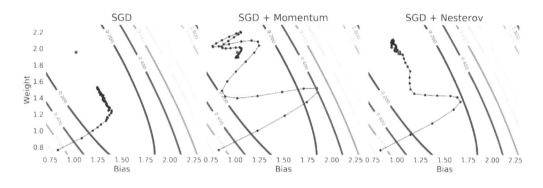

●图 6.22　每个 SGD 种类采用的路径

以图 6.22 中黑线左下角的**第 3 个点**为例：它的位置在每一个图中都有很大的不同，因此它们对应的梯度也不同。

图 6.22 中左边的两个图已经知道了，关键的新图在右边。**振荡的衰减**非常明显，但 Nesterov 动量**仍然超过了它的目标**，必须稍微**后退**才能从相反的方向接近它。在此我提醒您，这是**最容易的损失面之一**。

说到损失，来看看它们的轨迹，如图 6.23 所示。

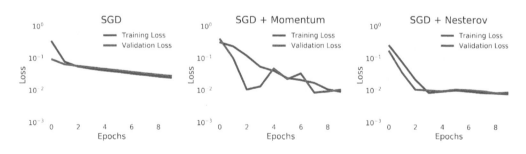

●图 6.23　每个 SGD 种类的损失

图 6.23 中左图只是为了比较，和以前一样。右图也很简单，描述了 Nesterov 动量很快找到了降低损失的方法，并慢慢接近最优值的事实。

图 6.23 的中间图更有趣：尽管**常规动量**在损失面上产生了一条**剧烈波动**的路径(每个黑点对应

一个小批量），但其**损失轨迹**的振荡幅度小于 Adam。这是这个简单的线性回归问题（即碗状损失面）的产物，不应被视为典型行为的代表。

如果您不相信动量，无论是常规还是 Nesterov，那么可以添加一些其他的东西……

 学习率调度器

在训练进行时也可以**安排学习率**的变化，而不是调整梯度。假设您希望**每 T 个时期**将**学习率降低一个数量级**（即乘以 0.1），这样训练**开始时更快**，一段时间后**减慢**，以避免收敛问题。

 这就是**学习率调度器**所做的：用于**更新优化器的学习率**。

因此，调度器的参数之一是优化器本身也就不足为奇了。为优化器设置的学习率将是调度器的初始学习率。举个例子，以最简单的 StepLR 调度器为例，它简单地将**学习率乘以每个 step_size 周期的因子** gamma。

在下面的代码中，创建了一个虚拟优化器，它正在"更新"一些初始学习率为 0.01 的虚假参数。虚拟调度器是 StepLR 的一个实例，每两个周期将该学习率乘以 0.1。

```
dummy_optimizer = optim.SGD([nn.Parameter(torch.randn(1))], lr=0.01)
dummy_scheduler = StepLR(dummy_optimizer, step_size=2, gamma=0.1)
```

调度器有一个 step 方法，就像优化器一样。

您应该在调用优化器的 step 方法**后**调用调度器的 step 方法。

在训练循环中，它将如下所示。

```
for epoch in range(4):
    #训练循环代码在这里

    print(dummy_scheduler.get_last_lr())
    #首先调用优化器
    dummy_optimizer.step()
    #然后调用调度器
    dummy_scheduler.step()

    dummy_optimizer.zero_grad()
```

输出：

```
[0.01]
[0.01]
[0.001]
[0.001]
```

正如预期的那样，它保持了两个周期的初始学习率，然后将其乘以 0.1，导致另外两个周期的学习率为 0.001。简而言之，这就是学习率调度器的工作原理。

 "每个调度器都会缩小学习率吗?"

不会。它曾经是在训练模型时缩小学习率的标准程序，但这个想法随后受到**周期性学习率**的挑战(这就是之前那篇论文的"周期性"部分)。如您所见，有许多不同种类的调度，其中许多在 PyTorch 中可用。

将它们分为 3 组: **每 T 个周期**(即使 $T=1$)更新学习率的调度器，如上例所示; 仅当验证**损失似乎卡住**时才更新学习率的调度器; 以及在**每个小批量**之后更新学习率的调度器。

周期调度器

这些调度器将在**每个周期结束**时调用它们的 **step 方法**。但是每个人都有自己更新学习率的规则。

- StepLR: 每 step_size 周期将学习率乘以一个因子 gamma。
- MultiStepLR: 在 milestones 列表中指示的周期将学习率乘以系数 gamma。
- ExponentialLR: 在每个周期将学习率乘以一个因子 gamma，没有例外。
- LambdaLR: 采用自定义函数，该函数应将周期作为参数并返回相应的乘法因子(相对于**初始学习率**)。
- CosineAnnealingLR: 它使用一种称为余弦退火的技术来更新学习率，这里不深入分析细节。

可以使用 LambdaLR 来模仿上面定义的 StepLR 调度器的行为，如图 6.24 所示。

```
dummy_optimizer = optim.SGD([nn.Parameter(torch.randn(1))], lr=0.01)
dummy_scheduler = LambdaLR(
        dummy_optimizer, lr_lambda=lambda epoch: 0.1 ** (epoch//2)
)
#上面的调度器相当于这个
# dummy_scheduler = StepLR(dummy_optimizer, step_size=2, gamma=0.1)
```

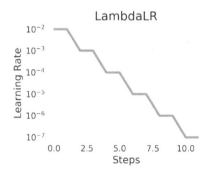

图 6.24 学习率的演变(周期调度器)

验证损失调度器

ReduceLROnPlateau 调度器**也**应该在每个周期结束时调用它的 step 方法，但它在这里有自己的组，因为它**不遵循预定义的调度**。很讽刺，对吧？

step 方法将**验证损失**作为参数，并且调度器可以配置为在给定数量的周期(恰当地命名为 patience 参数)内，**容忍损失**(当然是阈值)**没有改进**。在调度器耗尽耐心后，它会更新学习率，将其乘以 factor 参数(对于上一节中列出的调度器，这个因子被命名为 gamma)。

为了说明它的行为，假设验证损失连续 12 个周期保持在相同的值(不管是什么)。调度器会做什么？

```
dummy_optimizer = optim.SGD([nn.Parameter(torch.randn(1))], lr=0.01)
dummy_scheduler = ReduceLROnPlateau(dummy_optimizer, patience=4, factor=0.1)
```

它的耐心值是**4 个周期**，所以在 4 个周期观察到相同的损失之后，它就"命悬一线"了。然后是**第 5 个周期，没有任何变化**："*就是这样，学习率必须下降*"，您似乎听到它在这么说。所以，在**第 6 个周期**，优化器已经在使用新更新的学习率。如果再过 4 个周期没有任何变化，它会再次下降，如图 6.25 所示。

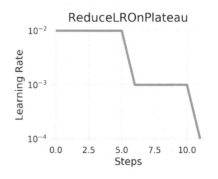

● 图 6.25　学习率的演变(验证损失调度器)

StepByStep 中的调度器——部分 1

如果想将学习率调度器整合到训练循环中，则需要对 StepByStep 类进行一些更改。由于调度器肯定是可选的，需要添加一个**方法**来允许用户**设置调度器**(类似对 TensorBoard 集成中的做法)。此外，需要定义一些**属性**：一个用于调度器本身，一个布尔变量来区分它是一个周期还是一个小批量调度器。

StepByStep *方法*

```
setattr(StepByStep, 'scheduler', None)
setattr(StepByStep, 'is_batch_lr_scheduler', False)


def set_lr_scheduler(self, scheduler):
    #确保将参数中的调度器分配给在此类中使用的优化器
    if scheduler.optimizer == self.optimizer:
        self.scheduler = scheduler
        if (isinstance(scheduler, optim.lr_scheduler.CyclicLR) or
            isinstance(scheduler, optim.lr_scheduler.OneCycleLR) or
            isinstance(scheduler, optim.lr_scheduler.CosineAnnealingWarmRestarts)):
            self.is_batch_lr_scheduler = True
        else:
            self.is_batch_lr_scheduler = False


setattr(StepByStep, 'set_lr_scheduler', set_lr_scheduler)
```

接下来，创建一个保护方法，该方法调用调度器的 **step** 方法，并将当前的学习率附加到一个属性上，这样就可以跟踪它的演变。

StepByStep *方法*

```
setattr(StepByStep, 'learning_rates', [])


def _epoch_schedulers(self, val_loss):
    if self.scheduler:
        if not self.is_batch_lr_scheduler:
            if isinstance(self.scheduler, torch.optim.lr_scheduler.ReduceLROnPlateau):
                self.scheduler.step(val_loss)
            else:
                self.scheduler.step()

            current_lr = list(map(lambda d: d['lr'], \
                          self.scheduler.optimizer.state_dict()['param_groups']))
            self.learning_rates.append(current_lr)


setattr(StepByStep, '_epoch_schedulers', _epoch_schedulers)
```

然后修改 **train** 方法以包括对上面定义的保护方法的调用。它应该在验证内部循环*之后*。

StepByStep *方法*

```
def train(self, n_epochs, seed=42):
    #确保训练过程的可重复性
    self.set_seed(seed)

    for epoch in range(n_epochs):
        #通过更新相应的属性来跟踪周期数
        self.total_epochs += 1

        #内循环
        #使用小批量进行训练
        loss = self._mini_batch(validation=False)
        self.losses.append(loss)

        #评估
        #在评估期间不需要梯度
        with torch.no_grad():
            #使用小批量执行评估
            val_loss = self._mini_batch(validation=True)
            self.val_losses.append(val_loss)

        self._epoch_schedulers(val_loss)                        ①

        #如果设置了 SummaryWriter
        if self.writer:
            scalars = {'training': loss}
            if val_loss is not None:
```

```
                    scalars.update({'validation' : val_loss})
            #在主标签"损失"下记录每个周期的损失
            self.writer.add_scalars(main_tag='loss',
                                    tag_scalar_dict=scalars,
                                    global_step=epoch)


        if self.writer:
            #关闭编写器
            self.writer.close()


    setattr(StepByStep, 'train', train)
```

① 在每个周期结束时调用学习率调度器。

小批量调度器

这些调度器将在**每个小批量结束**时调用它们的 **step 方法**。它们都是**循环**调度器。

- CyclicLR：它在 base_lr 和 max_lr 之间循环（因此它忽略优化器中设置的初始学习率），将 step_size_up 更新从基础学习率变为最大学习率，并将 step_size_down 更新返回。这种行为与 mode = triangular 相对应。此外，可以使用不同的模式缩小幅度：triangular2 将在每个周期后将幅度**减半**，而 exp_range 将使用 gamma 作为基数，以周期数为指数，按指数方式缩小幅度。

> max_lr 值的典型选择是使用 LR 范围测试找到的学习率。

- OneCycleLR：它使用一种称为退火的方法，将学习率从其初始值更新到定义的最大学习率（max_lr），然后在 total_steps 次更新后下降到小得多的学习率，从而执行一个周期。

- CosineAnnealingWarmRestarts：它使用余弦退火[101]来更新学习率，但在这里不深入分析，除了这个特定的调度器需要**周期数**（包括与数据加载器长度上的小批量数相对应的**小数部分**）作为其 step 方法的**参数**外。

在 1e-4 和 1e-3 之间的学习率范围内尝试不同模式下的 CyclicLR，每个方向两个步骤，如图 6.26 所示。

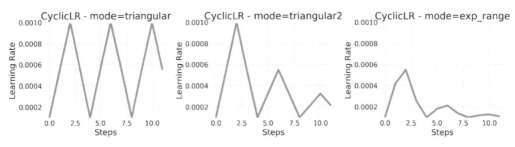

● 图 6.26　学习率的演变（循环调度器）

```
dummy_parm = [nn.Parameter(torch.randn(1))]
dummy_optimizer = optim.SGD(dummy_parm, lr=0.01)

dummy_scheduler1 = CyclicLR(dummy_optimizer, base_lr=1e-4,
max_lr=1e-3, step_size_up=2, mode='triangular')
dummy_scheduler2 = CyclicLR(dummy_optimizer, base_lr=1e-4,
max_lr=1e-3, step_size_up=2, mode='triangular2')
dummy_scheduler3 = CyclicLR(dummy_optimizer, base_lr=1e-4,
max_lr=1e-3, step_size_up=2, mode='exp_range', gamma=np.sqrt(.5))
```

顺便说一句，两个步骤意味着它会每 4 次小批量更新完成一个完整的周期——这在现实中完全不合理——在这里仅用于说明行为。

在实践中，一个周期应该包含**两到 10 个时期**（根据 Leslie N. Smith 的论文），因此您需要计算出您的训练集包含多少小批量（即**数据加载器的长度**），并将其乘以一个周期中所需的时期数以获得一个周期中的总步数。

在我们的示例中，训练加载器有 158 个小批量，如果希望学习率**循环超过 5 个时期**，则整个循环应该有 790 步，因此 step_size_up 应该是该值的一半（395）。

StepByStep 中的调度器——部分 2

需要进行更多更改来处理**小批量调度器**。与上面的"部分 1"类似，需要创建一个保护方法来处理这组调度器的 step 方法。

StepByStep *方法*

```
def _mini_batch_schedulers(self, frac_epoch):
    if self.scheduler:
        if self.is_batch_lr_scheduler:
            if isinstance(self.scheduler,
                    torch.optim.lr_scheduler.CosineAnnealingWarmRestarts):
                self.scheduler.step(self.total_epochs + frac_epoch)
            else:
                self.scheduler.step()

            current_lr = list(map(lambda d: d['lr'],
                    self.scheduler.optimizer.state_dict()['param_groups']))
            self.learning_rates.append(current_lr)

setattr(StepByStep, '_mini_batch_schedulers', _mini_batch_schedulers)
```

然后修改_mini_batch 方法以包括对上面定义的保护方法的调用。它应该在循环结束时调用，但**只能在训练期间调用**。

StepByStep *方法*

```
def _mini_batch(self, validation=False):
    #小批量可以与两个加载器一起使用
    #参数 validation 定义了将使用哪个加载器和相应的步骤函数
```

```
    if validation:
        data_loader = self.val_loader
        step_fn = self.val_step_fn
    else:
        data_loader = self.train_loader
        step_fn = self.train_step_fn

    if data_loader is None:
        return None

    n_batches = len(data_loader)
    #一旦有了数据加载器和步骤函数,这就是之前的小批量循环
    mini_batch_losses = []
    for i, (x_batch, y_batch) in enumerate(data_loader):
        x_batch = x_batch.to(self.device)
        y_batch = y_batch.to(self.device)

        mini_batch_loss = step_fn(x_batch, y_batch)
        mini_batch_losses.append(mini_batch_loss)

        if not validation:                              ①
            self._mini_batch_schedulers(i / n_batches)  ②

    loss = np.mean(mini_batch_losses)
    return loss

setattr(StepByStep, '_mini_batch', _mini_batch)
```

① 仅限训练期间。

② 在每次小批量更新结束时调用学习率调度器。

调度器路径

在尝试几个调度器之前，在模型上运行一个 **LR** 范围测试。

```
device = 'cuda' if torch.cuda.is_available() else 'cpu'

torch.manual_seed(42)
model = nn.Sequential()
model.add_module('linear', nn.Linear(1, 1))
loss_fn = nn.MSELoss(reduction='mean')

nesterov = False
optimizer = optim.SGD(model.parameters(), lr=1e-3, momentum=0.9, nesterov=nesterov)

tracking = lr_range_test(model, loss_fn, optimizer, device,
        train_loader, end_lr=1, num_iter=100)
```

从非常小的数值开始(lr＝1e-3)，并使用指数增量一直测试到 1.0(end_lr)。如图 6.27 所示，结果表明**学习率介于 0.01 和 0.1 之间**(对应于曲线下降部分的中心)。我们知道一个事实，即 0.1 的学习率是有效的。例如，更保守的选择是 0.025，因为它是曲线下降部分的中点。

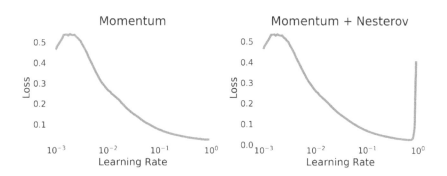

• 图 6.27 · 学习率查找器

想法再大胆一点！首先，使用选择的初始学习率(0.1)来定义优化器。

```
nesterov = False
optimizer = optim.SGD(model.parameters(), lr=0.1, momentum=0.9, nesterov=nesterov)
```

然后，可以选择一个调度器将学习率一直降低到 0.025。如果选择步骤调度器，可以每 4 个时期将学习率减半(gamma＝0.5)。如果选择循环调度器，可以每 4 个时期(20 个小批量，10 个上升，10 个下降)在两个极端之间波动学习率。

```
step_scheduler = StepLR(optimizer, step_size=4, gamma=0.5)
cyclic_scheduler = CyclicLR(
        optimizer, base_lr=0.025, max_lr=0.1,
        step_size_up=10, mode='triangular2'
)
```

将每个调度器应用到具有动量的 SGD 和具有 Nesterov 动量的 SGD，得到以下路径，如图 6.28 所示。

在混合中添加调度器似乎有助于优化器实现更稳定的最小化路径。

 使用调度器的一般思想是允许优化器在**探索损失面**(高学习率阶段)和**目标最小值**(低学习率阶段)之间交替。

调度器对损失轨迹的影响如图 6.29 所示。

除了 Nesterov 动量和循环调度器的组合，它可以更平滑地减少训练损失之外，您肯定很难区分同一行中曲线之间的差异。

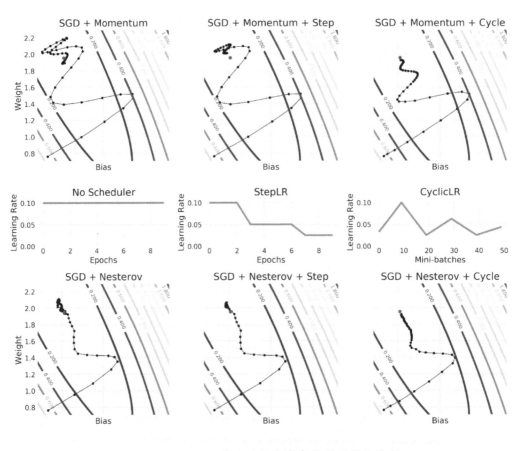

● 图 6.28　SGD 结合动量和调度器所采用的路径

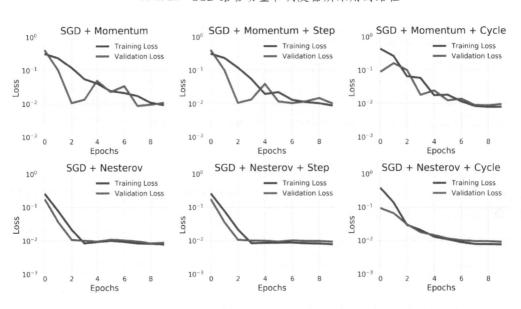

● 图 6.29　结合动量和调度器的 SGD 损失

▶ 自适应与循环

尽管自适应学习率被认为是循环学习率的"竞争对手",但这并不妨碍您在使用 **Adam** 时将它们和**循环学习率**结合起来。虽然 Adam 使用其 EWMA 调整梯度,但循环策略本身会修改学习率,因此它们确实可以一起工作。

在**学习率**的主题中还有**更多**要了解的内容:本节仅是对该主题的简短介绍。

 归纳总结

在这一章到处都是:数据准备、模型配置和模型训练等。从一个全新的数据集"*石头、剪刀、布*"开始,构建了一种使用临时数据加载器来**标准化**图像(这次是真实的)的方法。接下来,开发了一个功能更强的模型,包括用于正则化的**丢弃**层。然后将注意力转向训练部分,更深入地研究**学习率**、**优化器**和**调度器**。实现了许多方法:找到学习率、捕获梯度和参数,以及使用调度器更新学习率。

数据准备

```
1   #加载临时数据集以构建标准化器
2   temp_transform = Compose([Resize(28), ToTensor()])
3   temp_dataset = ImageFolder(root='rps', transform=temp_transform)
4   temp_loader = DataLoader(temp_dataset, batch_size=16)
5   normalizer = StepByStep.make_normalizer(temp_loader)
6
7   #构建转换、数据集和数据加载器
8   composer = Compose([Resize(28),
9                       ToTensor(),
10                      normalizer])
11
12  train_data = ImageFolder(root='rps', transform=composer)
13  val_data = ImageFolder(root='rps-test-set', transform=composer)
14
15  #构建每个集合的加载器
16  train_loader = DataLoader(train_data, batch_size=16, shuffle=True)
17  val_loader = DataLoader(val_data, batch_size=16)
```

在模型配置部分,可以使用**带有 Nesterov 动量**和**更高丢弃概率的 SGD 来增加**正则化。

模型配置

```
1   torch.manual_seed(13)
2   model_cnn3 = CNN2(n_feature=5, p=0.5)
3   multi_loss_fn = nn.CrossEntropyLoss(reduction='mean')
4   optimizer_cnn3 = optim.SGD(
5           model_cnn3.parameters(), lr=1e-3, momentum=0.9, nesterov=True
6   )
```

在实际训练之前，可以运行一个 LR 范围测试（如图 6.30 所示）。

● 图 6.30　学习率查找器

学习率范围测试

```
1  sbs_cnn3 = StepByStep(model_cnn3, multi_loss_fn, optimizer_cnn3)
2  tracking, fig = sbs_cnn3.lr_range_test(train_loader, end_lr=2e-1, num_iter=100)
```

测试表明学习率约为 0.01，因此重新创建优化器并将其设置在 StepByStep 实例中。

还可以使用建议的学习率作为**循环调度器**的**上限**。对于它的步幅，可以使用数据加载器的长度，因此学习率在一个时期中一直上升，在下一个时期中一直下降——一个两时期的周期。

更新学习率

```
1  optimizer_cnn3 = optim.SGD(
2                    model_cnn3.parameters(), lr=0.01, momentum=0.9, nesterov=True
3  )
4  sbs_cnn3.set_optimizer(optimizer_cnn3)
5
6  scheduler = CyclicLR(optimizer_cnn3, base_lr=1e-3, max_lr=0.01,
7                    step_size_up=len(train_loader), mode='triangular2')
8  sbs_cnn3.set_lr_scheduler(scheduler)
```

完成此操作后，它像往常一样训练（如图 6.31 所示）。

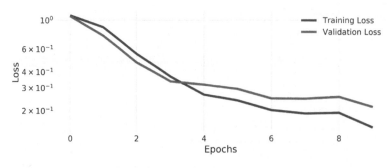

● 图 6.31　损失

模型训练

```
1   sbs_cnn3.set_loaders(train_loader, val_loader)
2   sbs_cnn3.train(10)

fig = sbs_cnn3.plot_losses()
```

评估

```
print(StepByStep.loader_apply(
        train_loader, sbs_cnn3.correct).sum(axis=0),
    StepByStep.loader_apply(
        val_loader, sbs_cnn3.correct).sum(axis=0))
```

输出：

```
tensor([2511, 2520]) tensor([336, 372])
```

看起来效果不错！更小的损失产生了 99.64% 的训练准确率和 90.32% 的验证准确率。

 回顾

在本章介绍了用于正则化的丢弃层，并重点介绍了不同优化器的内部工作原理以及学习率在此过程中的作用。以下是所涉及的内容。

- 使用临时数据加载器**计算通道统计信息**，以构建 Normalizer 转换。
- 使用 Normalizer 标准化图像数据集。
- 了解**多通道卷积**的工作原理。
- 使用**两个典型的卷积块**和**丢弃层**构建更高级的模型。
- 了解**丢弃概率**如何产生**输出分布**。
- 观察丢弃层中 **train 和** eval **模式的效果**。
- 可视化**丢弃层的正则化效果**。
- 使用**学习率范围测试**找到学习率候选的区间。
- 计算**梯度和平方梯度的偏差校正指数加权移动平均值**，以实现像 **Adam 优化器**那样的**自适应学习率**。
- 在可学习参数的张量上使用 register_hook 方法捕获**梯度**。
- 使用之前实现的 attach_hooks 方法捕获**参数**。
- **可视化**不同优化器更新参数的**路径**。
- 了解如何计算动量及其对**参数更新的影响**。
- (重新)发现由 **Nesterov 动量**实现的实用的**前瞻性技巧**。
- 了解不同类型的**调度器**：时期、验证损失和小批量。
- 在训练循环中包含**学习率调度器**。
- **可视化调度器**对更新参数路径的影响。

恭喜，您刚刚学习了用于训练深度学习模型的常用工具：**自适应学习率**、**动量**和**学习率调度器**。这远远不是一个关于这个主题的详尽教程，总体思路是让您对基本构件有一个很好的理解。您还了解了如何使用**丢弃**来**减少过拟合**，从而**提高泛化能力**。

在下一章将学习**迁移学习**，以利用**预训练模型**的强大功能，并将介绍流行架构的一些关键组件，如 **1×1 卷积**、**批量归一化**层和**残差连接**等。

扩展阅读

文中提到的阅读资料(网址)请读者按照本书封底的说明方法自行下载。

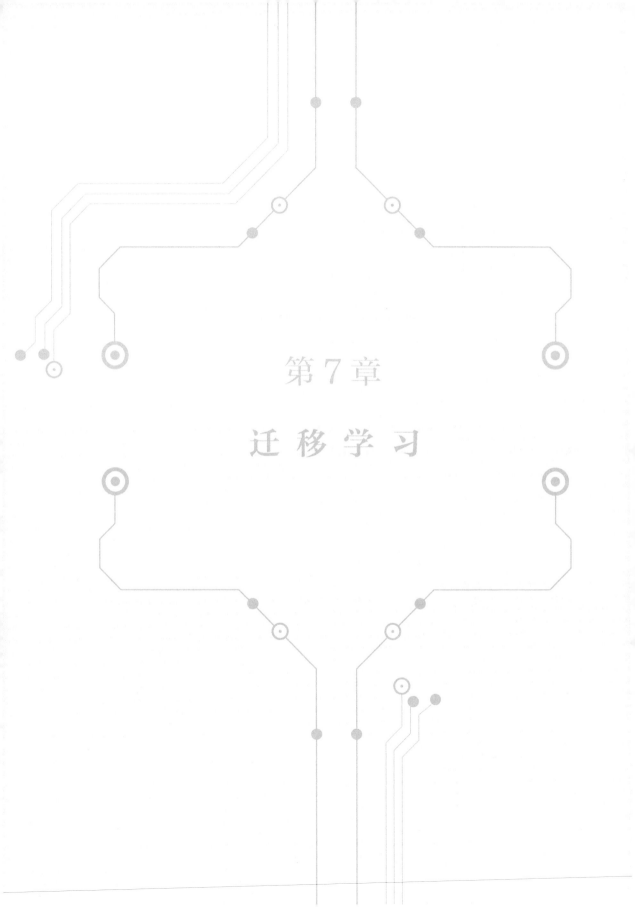

第 7 章

迁 移 学 习

剧透

在本章，将：

- 了解 **ImageNet**，以及 AlexNet、VGG、Inception 和 ResNet 等流行模型。
- 使用**迁移学习**对"*石头、剪刀、布*"数据集中的图像进行分类。
- 加载**预训练模型**以进行**微调**和**特征提取**。
- 了解**辅助分类器**在非常深的架构中的作用。
- 使用 **1 × 1 卷积**作为**降维层**。
- 构建**初始模块**。
- 了解**批量归一化**如何以多种方式影响模型训练。
- 了解**残差(跳跃)连接**的目的并构建**残差块**。

Jupyter Notebook

与第 7 章[102]相对应的 Jupyter Notebook 是 GitHub 官方上"**Deep Learning with PyTorch Step-by-Step**"资料库的一部分。您也可以直接在**谷歌 Colab**[103]中运行它。

如果您使用的是**本地安装**，请打开个人终端或 Anaconda Prompt，导航到从 GitHub 复制的 PyTorchStepByStep 文件夹。然后，*激活* pytorchbook 环境并运行 Jupyter Notebook。

```
$ conda activate pytorchbook

(pytorchbook) $ jupyter notebook
```

如果您使用 Jupyter 的默认设置，单击链接(http://localhost：8888/notebooks/Chapter07.ipynb) 应该会打开第 7 章的 Notebook。如果不行则只需单击 Jupyter 主页中的"Chapter07.ipynb"。

导入

为了便于组织，在任何一章中使用的代码所需的库都在其开始时导入。在本章需要以下的导入。

```
import numpy as np
from PIL import Image

import torch
import torch.optim as optim
import torch.nn as nn
import torch.nn.functional as F

from torch.utils.data import DataLoader, Dataset, random_split, TensorDataset
```

```
from torchvision.transforms import Compose, ToTensor, Normalize, \
                Resize, ToPILImage, CenterCrop, RandomResizedCrop
from torchvision.datasets import ImageFolder
from torchvision.models import alexnet, resnet18, inception_v3
from torchvision.models.alexnet import model_urls
from torchvision.models.utils import load_state_dict_from_url

from stepbystep.v3 import StepByStep
```

迁移学习

在上一章，我将模型形容为**更高级**，只是因为它不是一个卷积块，而是**两个卷积块**，还有**丢弃层**。说实话，这一点都不新奇……真正神奇的模型有数**十个卷积块**和巧妙的架构，使其功能**强大**。它们有**数百万个参数**，不仅需要**大量数据**，还需要数**千个**（**昂贵的**）**GPU 时间**进行训练。

我不知道您会怎样，但我两者都没有。那么，还剩下什么要做呢？**利用迁移学习来"救援"**。

这个想法很简单：首先，一些大型科技公司可以访问几乎无限量的数据和计算能力，为开发和**训练一个巨大的模型**。然后，一旦它被训练，其**架构和相应的训练权重**（**预训练模型**）就会被释放。最后，其他所有人都可以**使用这些权重作为起点**，并**针对不同**（**但相似**）**的目的进一步对其进行微调**。

简而言之，这就是**迁移学习**。它从计算机视觉模型开始，然后……

ImageNet

ImageNet 是一个按照 WordNet[104] 层次结构（目前只有该名词）组织的图像数据库，其中层次结构的每个节点由成百上千幅图像描述。目前，每个节点平均有超过 500 幅图像。我们希望 ImageNet 将成为研究人员、教育工作者、学生和所有与我们一样对图像充满热情的人的有用资源（来源：ImageNet[105]）。

ImageNet 是一个涵盖 27 个高级类别、20000 多个子类别和超过 1400 万幅图像的综合图像数据库（在[106]查看其统计数据）。图像本身**无法从其网站下载**，因为 ImageNet 不拥有这些图像的版权。不过，它**确实提供了所有图像的 URL**。

正如您可能猜到的那样，在 21 世纪 10 年代初期，对这些图像进行分类是一项艰巨的任务。难怪因此创造了一个**挑战赛**……

ImageNet 大规模视觉识别挑战赛（ILSVRC）

ImageNet 大规模视觉识别挑战赛（ILSVRC）用于评估大规模目标检测和图像分类算法（来源：ILSVRC[107]）。

ILSVRC 从 2010 年到 2017 年举办了 8 年。我们今天认为理所当然的许多架构都是为了应对这一挑战赛而开发的：AlexNet、VGG、Inception、ResNet 等。我们只关注 2012 年、2014 年和 2015 年。

▶ ILSVRC-2012

2012 年的 ILSVRC[108] 可能是其中最受欢迎的。它的获胜者被称为 **AlexNet** 的架构，代表了图像分类的里程碑，大大减少了分类错误。训练数据有 120 万幅图像，属于 1000 个类别（它实际上是 ImageNet 数据集的一个子集）。

AlexNet（SuperVision 团队）

该架构由 SuperVision 团队开发，该团队由多伦多大学的 Alex Krizhevsky、Ilya Sutskever 和 Geoffrey Hinton 组成（现在您知道为什么它被称为 AlexNet 了吧）。这是对他们模型的描述。

> 我们的模型是一个在原始 RGB 像素值上训练的大型深度卷积神经网络。该神经网络有 6000 万个参数和 650000 个神经元，由 5 个卷积层组成，其中一些卷积层后面是最大池化层，以及 3 个全局连接层，最后是 1000 路 softmax。它在两个 NVIDIA GPU 上训练了大约一周。为了加快训练速度，我们使用了非饱和神经元和卷积网络非常高效的 GPU 实现。为了减少全局连接层中的过拟合，我们采用了隐藏单元"丢弃"，这是一种最近开发的正则化方法，被证明非常有效（来源：结果（ILSVRC2012）[109]）。

您应该能够认出描述中的所有元素：5 个典型的卷积块（如卷积、激活函数和最大池化等）对应于模型的"特征化器"部分，3 个隐藏（线性）层与相应的丢弃层相结合对应于模型的"分类器"部分，以及多类分类问题中典型的 softmax 输出层。

它几乎是第 6 章中所述的**更高级的模型**，但使用了**类固醇**。我们将使用 AlexNet 来演示**如何应用预训练模型**。如果您有兴趣了解有关 AlexNet 的更多信息，其论文叫作"ImageNet Classification with Deep Convolutional Neural Networks"[110]。

▶ ILSVRC-2014

2014 年版[111]在涉及计算机视觉问题的架构时产生了两个家喻户晓的名字：**VGG** 和 **Inception**。训练数据有 120 万幅图像，属于 1000 个类别，就像 2012 年的版本一样。

VGG

由牛津视觉几何小组（Vision Geometry Group，VGG）的 Karen Simonyan 和 Andrew Zisserman 开发的架构几乎比 AlexNet 更大或更深的模型（现在您知道另一个架构名称的由来了吧）。他们的目标在其模型描述中非常清楚。

> ……我们探索了**卷积网络（ConvNet）的深度**对其准确性的影响（来源：结果（ILSVRC2014）[112]）。

VGG 模型**非常庞大**，所以在这里不太关注它。如果您想了解更多，其论文叫作"Very Deep Convolutional Networks for Large-Scale Image Recognition"[113]。

Inception（GoogLeNet 团队）

Inception 架构可能是所有架构中最好的一个："我们需要更深入"。作者 Christian Szegedy 等人与 VGG 团队一样，也想训练更深的模型。但他们想出了如下一个聪明的方法。

基于嵌入式学习直觉的额外降维层使我们能够在不产生大量计算开销的情况下大幅增加网络的深度和宽度（来源：结果（ILSVRC2014）[114]）。

如果您想了解更多，其论文叫作"Going Deeper with Convolutions"[115]。

"这些**降维层**是什么?"

不用担心，我们将在"Inception 模块"部分讨论这个问题。

▶ ILSVRC-2015

2015 年版[116]在恰如其分的架构中推广了**残差连接：Res（idual）Net（work）**。比赛中使用的训练数据保持不变。

ResNet（MSRA 团队）

何恺明等人开发的技巧是在一个非常深的架构中增加**残差连接**或**快捷方式**。

我们训练深度超过 150 层的神经网络进而提出了一个"深度残差学习"框架，可以简化极深网络的优化和收敛（来源：结果（ILSVRC2015）[117]）。

简而言之，它允许网络更容易学习**恒等函数**。我们还将在本章后面的"残差连接"部分中再来讨论它。如果您想了解更多，其论文叫作"Deep Residual Learning for Image Recognition"[118]。

顺便说一句，何恺明也有一个以他的名字命名的初始化方案——有时称为"何氏初始化"，有时称为"恺明初始化"——我们将在下一章介绍这些方案。

Imagenette

如果您正在寻找类似 ImageNet 的更小、更易于管理的数据集，那么 Imagenette 适合您！它由来自 fast.ai 的 Jeremy Howard 开发，是 Imagenet 中 10 个易于分类的类的子集。

您可以在这里找到它：https://github.com/fastai/imagenette。

 对比各架构

现在您已经熟悉了一些流行的架构（其中许多很容易作为 Torchvision 的模型去获得），比较它们的性能(首要的当然是准确率)、单个前向传递中的操作数(十亿级)和大小(以百万计的参数)。从这个意义上说，图7.1非常具有说明性。

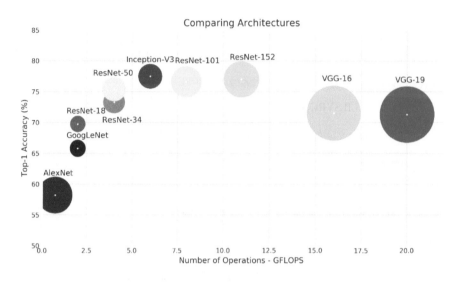

● 图 7.1　对比各架构(大小与参数数量成正比)

资料来源：从[119]报告中获得的准确率和GFLOPs估计数据，从Torchvision的模型中获得的参数数量(与圆圈的大小成正比)。更详细的分析，请参阅Canziani, A.、Culurciello, E.、Paszke, A.的"An Analysis of Deep Neural Network Models for Practical Applications"[120](2017)。

看看VGG模型的规模和交付**单个预测**所需的操作数有**多大**？另一方面，检查**Inception-V3**和**ResNet-50**在图中的位置：它们会给您带来更多收益。前者性能略高、后者略快。

这些是您可能用于迁移学习的模型：**Inception**和**ResNet**。

图7.1的左下角是AlexNet。它在2012年领先于其他任何技术，但现在不再具有竞争力。

"如果AlexNet没有竞争力，您为什么要用它来说明迁移学习？"

这确实是一个很好的问题。原因是，它的架构元素对您来说已经很熟悉了，因此更容易解释**如何修改它**以适应我们的目的。

实践中的迁移学习

在第6章，创建了自己的模型来对"石头、剪刀、布"数据集中的图像进行分类。在这里使用**相同的数据集**，但是，这里不会创建另一个模型，以AlexNet为例。

这一切都从**加载预训练模型**开始，可以使用 Torchvision 的模型库轻松完成。在其中找到了 AlexNet——一种实现了由 Alex Krizhevsky 等人设计的架构的 PyTorch 模型，以及 alexnet——一种创建 AlexNet 实例的辅助方法，并且可以选择下载和加载其预训练的权重。

▶ 预训练模型

首先将创建一个 AlexNet 实例，而不用加载其预训练的权重。

加载 AlexNet 架构

```
alex = alexnet(pretrained=False)
print(alex)
```

输出：

```
AlexNet(
  (features): Sequential(
    (0): Conv2d(3, 64, kernel_size=(11, 11), stride=(4, 4), padding=(2, 2))
    (1): ReLU(inplace=True)
    (2): MaxPool2d(kernel_size=3, stride=2, padding=0, dilation=1, ceil_mode=False)
    (3): Conv2d(64, 192, kernel_size=(5, 5), stride=(1, 1), padding=(2, 2))
    (4): ReLU(inplace=True)
    (5): MaxPool2d(kernel_size=3, stride=2, padding=0, dilation=1, ceil_mode=False)
    (6): Conv2d(192, 384, kernel_size=(3, 3), stride=(1, 1), padding=(1, 1))
    (7): ReLU(inplace=True)
    (8): Conv2d(384, 256, kernel_size=(3, 3), stride=(1, 1), padding=(1, 1))
    (9): ReLU(inplace=True)
    (10): Conv2d(256, 256, kernel_size=(3, 3), stride=(1, 1), padding=(1, 1))
    (11): ReLU(inplace=True)
    (12): MaxPool2d(kernel_size=3, stride=2, padding=0, dilation=1, ceil_mode=False)
  )
  (avgpool): AdaptiveAvgPool2d(output_size=(6, 6))
  (classifier): Sequential(
    (0): Dropout(p=0.5, inplace=False)
    (1): Linear(in_features=9216, out_features=4096, bias=True)
    (2): ReLU(inplace=True)
    (3): Dropout(p=0.5, inplace=False)
    (4): Linear(in_features=4096, out_features=4096, bias=True)
    (5): ReLU(inplace=True)
    (6): Linear(in_features=4096, out_features=1000, bias=True)
  )
)
```

AlexNet 的架构具有 3 个主要元素：features、avgpool 和 classifier。第一个和最后一个是嵌套序列模型。特征化器包含 5 个典型的卷积块，分类器有两个使用 50% 丢弃概率的隐藏层。此时，您已经熟悉了这些，除了**中间的元素**。

自适应池化

中间的元素 AdaptiveAvgPool2d（其函数式形式为 F.adaptive_avg_pool2d）是**一种特殊的池化**：它

不需要内核大小(和步幅)，而是需要**所需的输出大小**。换句话说，**无论输入图像大小是多少**，它都会**返回一个具有所需大小的张量**。

"这有什么特别的呢?"

它使您可以自由使用不同大小的图像作为输入。我们已经看到卷积和传统的最大池化通常会缩小图像的尺寸。但是模型的**分类器部分需要一个确定大小的输入**。这意味着**输入图像必须具有确定的大小**，以便在收缩过程结束时，与分类器部分的预期相**匹配**。**自适应池化保证了输出大小**，因此它可以轻松匹配分类器对输入大小的期望。

假设有两个虚拟张量表示由模型的"特征化器"部分生成的特征图。**特征图具有不同的尺寸**(32×32 和 12×12)，对它们应用**自适应池化**可确保两个**输出具有相同的尺寸**(6×6)。

```
result1 = F.adaptive_avg_pool2d(torch.randn(16, 32, 32), output_size=(6, 6))
result2 = F.adaptive_avg_pool2d(torch.randn(16, 12, 12), output_size=(6, 6))
result1.shape, result2.shape
```

输出：

```
(torch.Size([16, 6, 6]), torch.Size([16, 6, 6]))
```

很准确，对吧? 现在已经得到了架构，但是模型是**未经训练**的(它仍然有随机权重)。要想办法解决这个问题……

加载权重

首先要做的事情是：需要将权重加载到模型中并**检索它们**。当然，检索它们的一种简单方法是在创建模型时设置参数 pretrained=True。但是也可以从给定的 URL **下载权重**，这使您可以灵活地从任何地方使用预训练的权重。

PyTorch 提供 load_state_dict_from_url 方法：它将从指定的 URL 检索权重，并可选择将它们保存到指定的文件夹(model_dir 参数)。

"很好，但是 AlexNet 权重的 URL 是什么?"

您可以从 torchvision.models.alexnet 中的 model_urls 变量获取 URL。

AlexNet 预训练权重的 URL

```
url = model_urls['alexnet']
url
```

输出：

```
'https://download.pytorch.org/models/alexnet-owt-4df8aa71.pth'
```

当然，对 PyTorch 库中的模型手动执行此操作没有任何意义。但是，假设您使用的是来自第三方的预训练权重，您可以像如下这样加载它们。

加载预训练的权重

```
state_dict = load_state_dict_from_url(url, model_dir='pretrained', progress=True)
```

输出：

```
Downloading: "https://download.pytorch.org/models/alexnet-owt-7be5be79.pth" to
./pretrained/alexnet-owt-7be5be79.pth
```

从现在开始，它就**像将模型保存到磁盘一样**工作。要加载模型的状态字典，可以使用它的 load_state_dict 方法。

加载模型

```
alex.load_state_dict(state_dict)
```

输出：

```
<All keys matched successfully>
```

继续吧！有一个训练有素的 AlexNet 可以使用！怎么样？

模型冻结

在大多数情况下，您**不想**继续训练整个模型。我的意思是，理论上，您*可以*在原作者离开的地方重新开始，然后使用您自己的数据集继续训练。这需要做很多工作，特别是需要大量数据才能取得有效果的进展。一定会有更好的办法！当然，还有：可以**冻结模型**。

冻结模型意味着**它不再学习**，也就是说，**它的参数/权重将不再更新**。

代表**可学习参数**的张量的最佳特征是什么？**它需要梯度**。所以，如果想让它们停止学习任何内容，则需要完全改变这一点。

辅助方法 6——模型冻结

```
def freeze_model(model):
    for parameter in model.parameters():
        parameter.requires_grad = False
```

输出：

```
freeze_model(alex)
```

上面函数中的循环给出模型的**所有参数**，并**冻结它们**。

"如果模型被冻结，我应该如何为自己的目的训练它？"

好问题！必须解冻模型的一小部分，或者更好的是，**替换模型的一小部分**。那么，更换吧……

模型的顶层

模型的"顶层"被宽泛地定义为模型的**最后一层**，通常属于其**分类器**部分。"**特征化器**"部分通常保持不变，因为试图利用模型**生成特征**的能力。再次检查 AlexNet 的分类器。

```
print(alex.classifier)
```

输出：

```
Sequential(
  (0): Dropout(p=0.5, inplace=False)
  (1): Linear(in_features=9216, out_features=4096, bias=True)
  (2): ReLU(inplace=True)
  (3): Dropout(p=0.5, inplace=False)
  (4): Linear(in_features=4096, out_features=4096, bias=True)
  (5): ReLU(inplace=True)
  (6): Linear(in_features=4096, out_features=1000, bias=True)
)
```

它有两个隐藏层和一个输出层。输出层产生 1000 个 logit，ILSVRC 挑战赛中的每个类对应一个 logit。但是，除非您正在使用用于挑战赛的数据集，否则**您将拥有自己的类来计算 logit**。

在"*石头、剪刀、布*"数据集中有 **3 个类**。因此，需要**相应地替换输出层**。

更换模型的"顶层"

```
alex.classifier[6] = nn.Linear(4096, 3)
```

图 7.2 可能有助于您直观地了解所发生的情况。

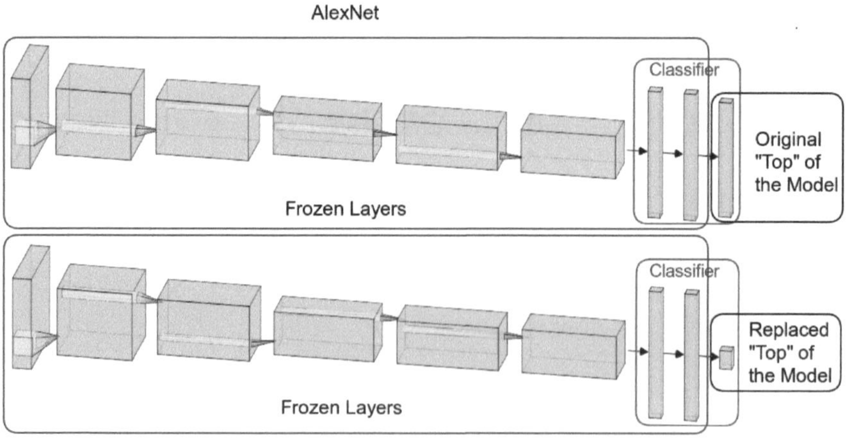

● 图 7.2　AlexNet

资料来源：使用 Alexander Lenail 的 NN-SVG[121]生成并由作者修改。

　　请注意，**输入特征的数量保持不变**，因为它仍然从之前的隐藏层获取输出。**新的输出层默认需要梯度**，但可以进行调整。

```
for name, param in alex.named_parameters():
    if param.requires_grad == True:
        print(name)
```

输出：

```
classifier.6.weight
classifier.6.bias
```

太好了，**唯一**可以学习任何东西的**层**是全新的**输出层**(分类器 6)，即**模型的顶层**。

 "**解冻**一些隐藏层怎么样?"

这也是一种可能性……在这种情况下，就像**恢复**对隐藏层的**训练**，同时**从头开始学习**输出层。不过，您可能需要**更多数据**才能实现这一目标。

 "我可以改变**整个分类器**而不仅仅是输出层吗?"

当然可以! 分类器部分可以有**不同的架构**，只要它采用 AlexNet 第一部分产生的 9216 个输入特征，并输出手头任务所需尽可能多的 logit。在这种情况下，整个分类器将从头开始学习，您需要**更多的数据**来完成它。

 解冻或替换的层越多，微调模型所需的**数据就越多**。

在这里坚持使用**最简单的方法**，即**仅替换输出层**。

 从技术上讲，如果**不冻结预训练的权重**，则只会对**模型进行微调**，也就是说，整个模型将(略微)更新。由于冻结了除最后一层之外的所有内容，因此实际上仅使用预训练模型进行**特征提取**。

 "如果我使用**不同的模型**怎么办? 那我应该更换哪一层?"

下表涵盖了您可能用于迁移学习的一些最常见的模型。基于给定手头任务的类数(在我们的例子中是 3 个)，该表列出了**输入图像的尺寸**、**分类层级**和**替换层级**。

模型	尺寸	分类层级	替代层级
AlexNet	224	model.classifier[6]	nn.Linear(4096, num_classes)
VGG	224	model.classifier[6]	nn.Linear(4096, num_classes)
InceptionV3	299	model.fc	nn.Linear(2048, num_classes)
		model.AuxLogits.fc	nn.Linear(768, num_classes)
ResNet	224	model.fc	nn.Linear(512, num_classes)
DensNet	224	model.classifier	nn.Linear(1024, num_classes)
SqueezeNet	224	model.classifier[1]	nn.Conv2d(512, num_classes, kernel_size=1, stride=1)

"为什么 **Inception V3** 模型有**两层**?"

Inception 模型是一个**特例**，因为它有**辅助分类器**。我们将在本章后面讨论它们。

 模型配置

模型配置中缺少什么呢? 答案是损失函数和优化器。对于多类分类问题，当模型产生 logit 时，需要 CrossEntropyLoss 作为损失函数。对于优化器，使用 Adam 和 "Karpathy 常数" (3e-4) 作为学习率。

模型配置

```
torch.manual_seed(17)
multi_loss_fn = nn.CrossEntropyLoss(reduction='mean')
optimizer_alex = optim.Adam(alex.parameters(), lr=3e-4)
```

模型配置搞定了，可以把注意力转移到……

 数据准备

这一步与在上一章中所做的非常相似(仍然使用"石头、剪刀、布"数据集)，除了一个关键区别: **使用不同的参数来标准化**图像。

"所以我们不再计算数据集中图像的统计数据了?"

对，不再了!

"为什么不再呢?"

由于使用的是**预训练模型**，因此需要使用用于训练原始模型的**标准化参数**。换句话说，需要使用用于训练该模型的**原始数据集的统计数据**。对于 AlexNet(以及几乎所有计算机视觉预训练模型)，这些统计数据是在 ILSVRC 数据集上计算的。

您可以在 PyTorch 的预训练模型文档中找到这些值。

ImageNet 统计

所有预训练模型都期望输入的图像以相同的方式进行归一化，即形状为($3 \times H \times W$)的 3 通道 RGB 图像的小批量，其中 H 和 W 预计至少为 224。图像必须使用 mean=[0.485, 0.456, 0.406] 和 std=[0.229, 0.224, 0.225]进行归一化。您可以使用以下转换。

```
normalize = transforms.Normalize(mean=[0.485,0.456,0.406], std=[0.229,0.224,0.225])
```

所以"石头、剪刀、布"数据集的数据准备步骤现在看起来像如下这样。

数据准备

```
normalizer = Normalize(mean=[0.485, 0.456, 0.406], std=[0.229, 0.224, 0.225])

composer = Compose([Resize(256), CenterCrop(224), ToTensor(), normalizer])

train_data = ImageFolder(root='rps', transform=composer)
val_data = ImageFolder(root='rps-test-set', transform=composer)

#构建每个集合的加载器
train_loader = DataLoader(train_data, batch_size=16, shuffle=True)
val_loader = DataLoader(val_data, batch_size=16)
```

▶ 模型训练

已经准备好训练修改版 AlexNet 的顶层。

模型训练

```
sbs_alex = StepByStep(alex, multi_loss_fn, optimizer_alex)
sbs_alex.set_loaders(train_loader, val_loader)
sbs_alex.train(1)
```

您可能注意到运行上面的代码需要几秒钟(如果您在 CPU 上运行，则需要更多时间)，即使它只训练**一个周期**。

"怎么会呢？大部分模型都被**冻结**了，只有区区一层可以训练……"

您是对的，只有一个微不足道的层来计算梯度和更新其参数，但**前向传递**仍然使用**整个模型**。因此，每幅图像(我们训练集中有 2520 幅图像)都将使用超过 **6100 万个参数**计算其特征。难怪需要一些时间。顺便说一句，**只有 12291 个参数是可训练的**。

如果您在想"一定有更好的方法……"，那您的想法是完全正确的——这就是下一节的主题。

但是，首先，通过**仅在一个周期**训练后**评估**模型来看看**迁移学习的有效性**。

```
StepByStep.loader_apply(val_loader, sbs_alex.correct)
```

输出：

```
tensor([[111, 124],
        [124, 124],
        [124, 124]])
```

验证集的准确率为 96.51%(如果您想知道的话，训练集的准确率为 99.33%)。即使它需要一些时间来训练，这些结果也相当不错了。

▶ 生成特征数据集

我们刚刚意识到，从一个**单个**周期训练模型的最后一层的时间开始，**大部分都花在前向传递**

上。现在，想象一下，如果训练它超过 **10 个周期**：不仅模型会花费大部分时间进行前向传递，而且**更糟糕**的是，它将执行 **10 次相同的操作**。

由于除最后一层外的所有层都被冻结，因此**倒数第二层的输出始终相同**。当然，这是假设您**没有进行数据增强**。

这将是对您的时间、精力和金钱的巨大浪费（如果您为云计算付费的话）。

"我们能做什么呢？"

好吧，既然**冻结层只是生成**将作为可训练层输入的**特征**，那么为什么不将冻结层视为**可训练层**呢？可以通过以下 4 个简单的步骤来完成。

- **仅**保留模型中的**冻结层**。
- 通过它**运行整个数据集**并将**其输出收集为特征数据集**。
- 使用**特征数据集**训练一个**单独的模型**（对应原始模型的*"顶层"*）。
- 将经过**训练的模型附加到冻结层的顶层**。

通过这种方式，有效地将**特征提取和实际训练阶段分开**，从而避免了为每一次前向传递一遍又一遍地生成特征的开销。

为了**只保留冻结层**，需要去掉原始模型的*"顶层"*。但是，由于还想**在训练后将新层附加到整个模型**，所以最好用**一个恒等层**简单地**替换**"顶层"，而不是移除它。

"移除" 顶层

```
alex.classifier[6] = nn.Identity()
print(alex.classifier)
```

输出：

```
Sequential(
    (0): Dropout(p=0.5, inplace=False)
    (1): Linear(in_features=9216, out_features=4096, bias=True)
    (2): ReLU(inplace=True)
    (3): Dropout(p=0.5, inplace=False)
    (4): Linear(in_features=4096, out_features=4096, bias=True)
    (5): ReLU(inplace=True)
    (6): Identity()
)
```

这样，最后一个有效的层仍然是分类器 5，它将产生我们感兴趣的特征。现在我们手中有一个**特征提取器**，用它来预处理数据集。

下面函数中的循环来自数据加载器的小批量，将它们发送到特征提取器模型，将输出与相应的标签组合，并返回一个 TensorDataset。

辅助方法 7

```
def preprocessed_dataset(model, loader, device=None):
    if device is None:
```

```
        device = next(model.parameters()).device

    features = None
    labels = None

    for i, (x, y) in enumerate(loader):
        model.eval()
        output = model(x.to(device))
        if i == 0:
            features = output.detach().cpu()
            labels = y.cpu()
        else:
            features = torch.cat([features, output.detach().cpu()])
            labels = torch.cat([labels, y.cpu()])

    dataset = TensorDataset(features, labels)
    return dataset
```

可以使用它来预处理数据集。

数据准备(1)

```
train_preproc = preprocessed_dataset(alex, train_loader)
val_preproc = preprocessed_dataset(alex, val_loader)
```

就这样，有了 TensorDatasets，其中包含了 AlexNet 为每幅图像生成的**特征**的张量以及相应的**标签**。

 重要提示：此预处理步骤**没有数据增强**。如果要执行数据增强，则需要把模型的其余部分附加到模型的顶层，因为由于增强本身的原因，冻结层产生的特征每次都会略有不同。

还可以将这些**张量保存到磁盘内**。

```
torch.save(train_preproc.tensors, 'rps_preproc.pth')
torch.save(val_preproc.tensors, 'rps_val_preproc.pth')
```

因此，它们可以稍后用于构建数据集。

```
x, y = torch.load('rps_preproc.pth')
train_preproc = TensorDataset(x, y)
val_preproc = TensorDataset(* torch.load('rps_val_preproc.pth'))
```

像往常一样，数据准备的最后一步是创建数据加载程序。

数据准备(2)

```
train_preproc_loader = DataLoader(train_preproc, batch_size=16, shuffle=True)
val_preproc_loader = DataLoader(val_preproc, batch_size=16)
```

再见，昂贵且重复的前向传递。现在可以专注于训练了……

▶ 顶层模型

该模型只有一层，它与在"模型的顶层"小节中使用的一层匹配。其余的模型配置部分保持不变。

模型配置——顶层模型

```
torch.manual_seed(17)
top_model = nn.Sequential(nn.Linear(4096, 3))
multi_loss_fn = nn.CrossEntropyLoss(reduction='mean')
optimizer_top = optim.Adam(top_model.parameters(), lr=3e-4)
```

接下来，创建另一个 StepByStep 实例来使用**预处理数据集**训练上述模型。由于它是一个很小的模型，可以承受超过 **10 个周期**的训练，**而不仅仅是一个**。

模型训练——顶层模型

```
sbs_top = StepByStep(top_model, multi_loss_fn, optimizer_top)
sbs_top.set_loaders(train_preproc_loader, val_preproc_loader)
sbs_top.train(10)
```

看！这速度真是**快得不得了**！

现在，可以将受过**训练的模型附加**到完整(冻结)模型的顶层。

更换顶层

```
sbs_alex.model.classifier[6] = top_model
print(sbs_alex.model.classifier)
```

输出：

```
Sequential(
  (0): Dropout(p=0.5,inplace=False)
  (1): Linear(in_features=9216, out_features=4096, bias=True)
  (2):ReLU(inplace=True)
  (3): Dropout(p=0.5,inplace=False)
  (4): Linear(in_features=4096, out_features=4096, bias=True)
  (5):ReLU(inplace=True)
  (6): Sequential((0): Linear(in_features=4096, out_features=3, bias=True))
)
```

分类器部分的第 6 个元素对应小型训练模型。看看它在验证集上的表现。

 再次使用**完整模型**，因此应该使用**原始数据集而不是预处理数据集**。

```
StepByStep.loader_apply(val_loader, sbs_alex.correct)
```

输出：

```
tensor([[109, 124],
        [124, 124],
        [124, 124]])
```

这与之前的**结果几乎相同**。该模型可能过拟合，但这并不重要，因为本练习的目的是向您展示如何**使用迁移学习**以及如何**预处理数据集以加快模型训练**。

使用 AlexNet 可以实现多种功能，但现在是继续深入学习的时候了。在接下来的章节中，将重点关注作为 **Inception** 和 **ResNet** 模型一部分的**新架构元素**。

辅助分类器（侧头）

Inception 模型的第一个版本（如图 7.3 所示）引入了**辅助分类器**，即附加到模型中间部分的**侧头**，它们也将尝试执行分类，但它们是**独立**于网络最末端的典型**主分类器**的。

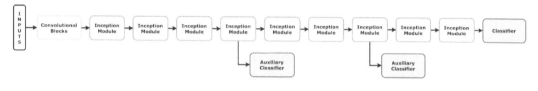

图 7.3　Inception 模型：简化图

交叉熵损失也为 **3 个分类器中的每一个**独立计算，并将其**相加**到总损失中（尽管辅助损失乘以一个系数 0.3）。辅助分类器（和损失）仅在训练期间使用。在**评估**阶段，**只考虑主分类器产生的 logit**。

该技术最初是为了缓解**梯度消失**问题而开发的（下一章会详细介绍），但后来发现**辅助分类器**更有可能产生**正则化效果**[122]。

Inception 模型的第 3 版（Inception_v3）在 PyTorch 中作为预训练模型提供，只有**一个辅助分类器**而不是两个，但如果使用这个模型进行迁移学习，则仍然需要**做一些调整**。

首先，**加载**预训练模型，**冻结**其层，并**替换主分类器和辅助分类器的层**。

加载预训练的 Inception_v3 并替换顶层

```
model = inception_v3(pretrained=True)
freeze_model(model)

torch.manual_seed(42)
model.AuxLogits.fc = nn.Linear(768, 3)
model.fc = nn.Linear(2048, 3)
```

不利的是，不能使用标准的交叉熵损失，因为 Inception 模型**输出两个张量**，每个分类器一个（尽管可以通过将其 aux_logits 参数设置为 False 来强制它只返回主分类器）。但是可以创建一个简单的**函数**来处理**多个输出**，计算**相应的损失**并返回它们的总和。

辅助方法 8——带有侧头的 Inception 损失

```
def inception_loss(outputs, labels):
    try:
        main, aux = outputs
```

```
except ValueError:
    main = outputs
    aux = None
    loss_aux = 0

multi_loss_fn = nn.CrossEntropyLoss(reduction='mean')
loss_main = multi_loss_fn(main, labels)
if aux is not None:
    loss_aux = multi_loss_fn(aux, labels)
return loss_main + 0.4 * loss_aux
```

在这种情况下，辅助损失在添加到主要损失之前乘以一个系数 0.4。现在，只缺少一个优化器。

模型配置

```
optimizer_model = optim.Adam(model.parameters(), lr=3e-4)
sbs_incep = StepByStep(model, inception_loss, optimizer_model)
```

"等等，我们这次不是对数据集进行预处理吗?"

遗憾的是，没有。preprocessed_dataset 无法处理多个输出。为了处理 Inception 模型的特殊性，我没有使过程过于复杂，而是坚持使用更简单(但更慢)的方式来训练最后一层，同时它仍然连接到模型的其余部分。

Inception 模型的预期输入大小也不同于其他模型：299 而不是 224。因此，需要相应地重新创建数据加载器。

数据准备

```
normalizer = Normalize(mean=[0.485, 0.456, 0.406], std=[0.229, 0.224, 0.225])

composer = Compose([Resize(299), ToTensor(), normalizer])

train_data = ImageFolder(root='rps', transform=composer)
val_data = ImageFolder(root='rps-test-set', transform=composer)

#构建每个集合的加载器
train_loader = DataLoader(train_data, batch_size=16, shuffle=True)
val_loader = DataLoader(val_data, batch_size=16)
```

准备好了，为单个周期训练模型并评估结果。

模型训练

```
sbs_incep.set_loaders(train_loader, val_loader)
sbs_incep.train(1)

StepByStep.loader_apply(val_loader, sbs_incep.correct)
```

输出：

```
tensor([[108, 124],
        [116, 124],
        [108, 124]])
```

它在验证集上达到了 **89.25%** 的准确率。相当不错！

不过，Inception 模型不仅仅有辅助分类器。之后，检查一下它包含的其他架构元素。

1×1 卷积

这种特殊的架构元素并不完全是新的，但它是已知元素的某种特殊情况。到目前为止，卷积层中使用的**最小内核**的大小为 **3×3**。这些内核执行**逐元素相乘**，然后将**结果元素相加**，为它们应用到的每个区域生成**单个值**。到目前为止，没有什么难点。

一开始，一个 1×1 内核的想法不同于直觉。对于单个通道，该内核仅**缩放**其输入的**值**，而没有其他任何内容。这似乎没什么效果……

但是，如果您有**多个通道**，一切都会改变！还记得第 6 章中的三通道卷积吗？滤波器的通道数与其**输入一样多**。这意味着**每个通道将独立缩放**并将**结果相加**，从而产生一**个通道作为输出**（每个滤波器）。

 一个 1×1 卷积可以用来**减少通道的数量**，也就是说，它可以作为一个**降维层**来工作。

一图胜千言，所以把它形象化，如图 7.4 所示。

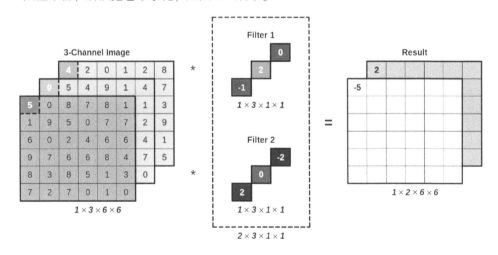

图 7.4　1×1 卷积

输入是一个 RGB 图像，有**两个滤波器**，每个滤波器有 **3 个 1×1 内核**，每个输入通道一个。这些滤波器实际上在做什么？来看看，如图 7.5 所示。

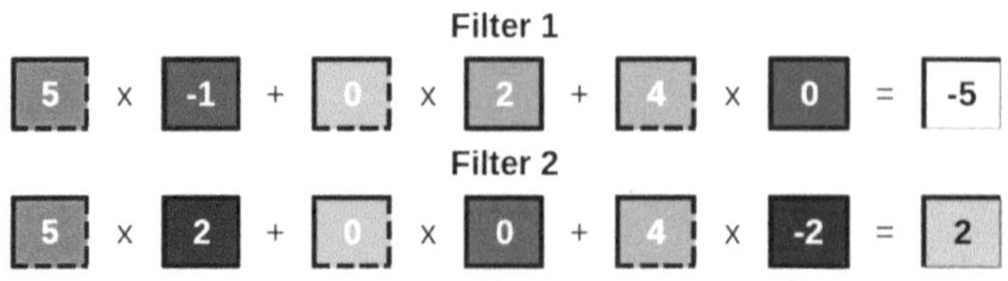

Filter 1

5 x -1 + 0 x 2 + 4 x 0 = -5

Filter 2

5 x 2 + 0 x 0 + 4 x -2 = 2

图 7.5 1×1 卷积

如果将其表示为公式，也许会更清楚：

滤波器 1：$-1R+2G+0B$

滤波器 2：$2R+0G-2B$

式 7.1 滤波器算法

 使用 **1×1 卷积**的滤波器对应**输入通道的加权平均**。换句话说，1×1 卷积是**输入通道的线性组合**，**逐像素**计算。

还有另一种获得**输入线性组合**的方法：线性层，也称为全连接层。执行 1×1 卷积类似于**将线性层应用于其通道上的每个单独像素**。

 这就是为什么说 **1×1 卷积等同于全连接（线性）层**的原因。

在上面的示例中，两个滤波器中的每一个都会产生 RGB 通道的不同线性组合。这会敲响警钟吗？在第 6 章，已经看到可以使用彩色图像的**红色、绿色和蓝色通道的线性组合**来计算**灰度图像**。因此，可以使用**1×1 卷积将图像转换为灰度**。

```
scissors = Image.open('rps/scissors/scissors01-001.png')
image = ToTensor()(scissors)[:3, :, :].view(1, 3, 300, 300)

weights = torch.tensor([0.2126, 0.7152, 0.0722]).view(1, 3, 1, 1)
convolved = F.conv2d(input=image, weight=weights)

converted = ToPILImage()(convolved[0])
grayscale = scissors.convert('L')
```

看（如图 7.6 所示）！它们是一样的……或者它们是一样的吗？如果您的眼睛非常敏锐，也许能够注意到两种灰色阴影之间的细微差别。这与卷积的使用没有任何关系，不过……事实证明，PIL 使用稍微不同的权重将 RGB 转换为灰度。

 PIL 使用的权重是红色为 0.299、蓝色为 0.587、绿色为 0.114，即"ITU-R 601-2 亮度变换"。权重不同，导致使用色度转换的灰度也不同。如果您想了解更多信息，请查看维基百科关于灰度的文章[123]。

Converted

Grayscale

● 图 7.6　卷 积 与 转 换

您可以将彩色图像转换为灰度图像以便**减小图像的尺寸**，因为输出的大小是输入的 1/3(一个通道而不是 3 个)。这意味着将其作为自己输入接收的层中的**参数减少了 3 倍**，并且它允许网络**变得更深**(和更宽)。

"我们需要更深入。"

 Inception 模块

下面谈谈 Inception 模块。随着时间的推移，它有很多版本，但只关注前两个：常规版本和**降维**版本。两个版本如图 7.7 所示。

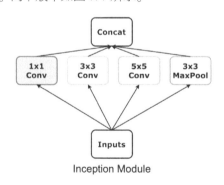
Inception Module

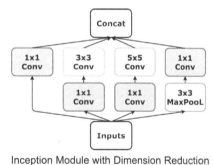
Inception Module with Dimension Reduction

● 图 7.7　Inception 模块

在常规版本中，**没有**使用 1×1 卷积作为降维层。每个**卷积分支都产生给定数量的通道**，最大池化分支产生与其接收的**输入一样多的通道**。最后，**所有通道都堆叠(连接)在一起**。

"老实说，我对**通道和滤波器**有点困惑……它们是否相同？**内核**怎么样？"

这确实有点令人困惑……尝试整理一下对滤波器、内核和通道的想法，如下所示。

1) 每个**滤波器**的**通道**与其卷积的**图像**一样多(输入)。

2) **滤波器/内核**的每个**通道**都是一个**小方阵**(在相应的输入通道上进行卷积)。

3) 卷积产生的**通道**与**滤波器**的数量一样多(输出)。

例如，可能有一个 **RGB 图像作为输入**(**3 个通道**)并使用**两个滤波器**(每个都有 **3 个通道**来匹配输入 1))来**产生两个通道**作为输出 3)。

但是如果开始使用"滤波器"来指定其他东西，事情会变得非常混乱。

- 滤波器/**内核的每个通道**通常被称为"**滤波器**"本身。
- 通过在输入图像上卷积滤波器，产生**输出的每个通道**通常也被称为"**滤波器**"。

在示例中有 **6 个**"**滤波器**"(而不是两个滤波器，每个滤波器具有 3 个通道)，将生成**两个**"**滤波器**"作为输出(而不是两个通道)。这令人困惑！

在这里为避免这些混乱的定义，所以使用**通道连接**(**甚至更好的是堆叠**)而不是令人困惑的"**滤波器连接**"。

清除这些后，可以返回到 Inception 模块本身。正如我们所见，**常规版本**只是简单地将**具有不同滤波器/内核大小的卷积的输出通道堆叠起来**。那另一个版本呢？

它也是这样做的，但具有**降维**功能的 Inception 模块使用 **1×1 卷积**来进行如下处理。

- **减少 3×3 和 5×5 卷积分支的输入通道数**。
- **减少最大池化分支的输出通道数**。

3×3 和 5×5 卷积分支**可能仍会输出许多通道**(每个滤波器一个)，但**每个滤波器卷积的输入通道数量减少了**。

您可以想到 RGB 到灰度的转换：它不会对彩色图像使用三通道卷积(如第 6 章)，而是对灰度(降维)图像使用单通道滤波器(如第 5 章)。对于 3×3 **滤波器/内核**，这意味着使用 **9 个参数**而不是 **27 个**。这样一来，肯定可以进行更深入地研究。

下面看看 Inception 模块在代码中的样子。

```
class Inception(nn.Module):
    def __init__(self, in_channels):
        super(Inception, self).__init__()
        # in_channels@HxW -> 2@HxW
        self.branch1x1_1 = nn.Conv2d(in_channels, 2, kernel_size=1)

        # in_channels@HxW -> 2@HxW -> 3@HxW
        self.branch5x5_1 = nn.Conv2d(in_channels, 2, kernel_size=1)      ①
        self.branch5x5_2 = nn.Conv2d(2, 3, kernel_size=5, padding=2)

        # in_channels@HxW -> 2@HxW -> 3@HxW
        self.branch3x3_1 = nn.Conv2d(in_channels, 2, kernel_size=1)      ①
        self.branch3x3_2 = nn.Conv2d(2, 3, kernel_size=3, padding=1)

        # in_channels@HxW -> in_channels@HxW -> 2@HxW
```

```
    self.branch_pool_1 = nn.AvgPool2d(kernel_size=3, stride=1, padding=1)
    self.branch_pool_2 = nn.Conv2d(in_channels, 2, kernel_size=1)              ①

def forward(self, x):
    #产生 2 个通道
    branch1x1 = self.branch1x1_1(x)
    #产生 3 个通道
    branch5x5 = self.branch5x5_1(x)                                           ①
    branch5x5 = self.branch5x5_2(branch5x5)
    #产生 3 个通道
    branch3x3 = self.branch3x3_1(x)                                           ①
    branch3x3 = self.branch3x3_2(branch3x3)
    #产生 2 个通道
    branch_pool = self.branch_pool_1(x)
    branch_pool = self.branch_pool_2(branch_pool)                             ①
    #将所有通道(10 个)连接在一起
    outputs = torch.cat([branch1x1, branch5x5, branch3x3, branch_pool], 1)    ②
    return outputs
```

① 1×1 卷积降维。

② 堆叠/连接通道。

构造方法定义了 4 个分支使用的 7 个元素(您可以在图 7.7 中识别它们中的每一个)。在此示例中，我已将所有 1×1 卷积配置为每个生成**两个通道**，但并不要求它们都具有相同数量的输出通道。这同样适用于 3×3 和 5×5 卷积分支：尽管我已将它们配置为每个生成相同数量的通道(3 个)，但这不是必需的。

 但是，它要求**所有分支**都产生具有**匹配高度和宽度**的输出。这意味着必须根据内核大小调整**填充**以输出正确的尺寸。

forward 方法将输入 x 馈送到 4 个分支中的每一个，然后它使用 torch. cat 沿相应维度**连接生成的通道**(根据 PyTorch 的 NCHW 形状约定)。如果输出的高度和宽度在不同的分支上不匹配，则此连接将失败。

如果通过 Inception 模块运行示例图像(剪刀，彩色版本)会怎样？

```
inception = Inception(in_channels=3)
output = inception(image)
output.shape
```

输出：

```
torch.Size([1, 10, 300, 300])
```

好的，输出了有预期的 **10 个通道**。

如您所见，Inception 模块背后的想法实际上非常简单。后来的版本有略微不同的架构(如将5×5卷积转换成两个 3×3 卷积，但整体结构仍然存在)。不过**还有一件事要注意……**

如果您在 PyTorch 中查看 Inception 的代码，会发现它并**没有直接使用 nn. Conv2d**，而是使用了如下一个叫作 BasicConv2d 的函数。

```python
class BasicConv2d(nn.Module):
    def __init__(self, in_channels, out_channels, **kwargs):
        super(BasicConv2d, self).__init__()
        self.conv = nn.Conv2d(in_channels, out_channels, bias=False, **kwargs)
        self.bn = nn.BatchNorm2d(out_channels, eps=0.001)

    def forward(self, x):
        x = self.conv(x)
        x = self.bn(x)
        return F.relu(x, inplace=True)
```

当然，它的主要组件仍然是 nn.Conv2d，但它也将 ReLU 激活函数应用于最终输出。不过，更重要的是，它在两者之间调用了 nn.BatchNorm2d。

"那是什么呢?"

那是……请继续阅读。

批量归一化

批量归一化层是许多现代架构中非常重要的组成部分。尽管它的内部工作并不十分复杂(您将在下面的段落中看到)，但它对模型训练的影响肯定是复杂的。从它的位置(在激活函数之前或之后)到它的行为受到小批量大小的影响，我试图在正文中的旁白中简要说明主要讨论点。这也是为了让您快速了解这个主题，但这绝不是最全面的。

在第 4 章中简要讨论了**归一化层**的必要性，以防止(或减轻)一个通常称为"*内部协变量偏移*"的问题，这只是对**不同层中激活值不同分布**的花哨说法。一般来说，希望所有层产生**具有相似分布的激活值**，理想情况下具有**零均值和单位标准差**。

听起来是不是很熟悉? 这就是在第 0 章中对**特性**所进行的处理，我们对它们进行了**标准化**。

现在，**批量归一化**将做一些与它非常相似的事情，但有如下一些重要的区别。

- 批量归一化不是标准化特征，而是将模型的输入作为一个整体，**标准化一个层的激活值**，即下一层的输入，使其具有**零均值和单位标准差**。
- 批量归一化计算每个小批量的统计数据，而不是**计算整个训练集的统计数据**(均值和标准差)。
- 批量归一化可以对标准化输出执行可选的**仿射变换**，即对其进行缩放并为其添加一个常数(在这种情况下，缩放因子和常数都是模型学习的参数)。

之前或之后

关于批量归一化有如下一个**非常**常见的问题。

"*我应该将批量归一化层放在**激活函数之前**还是**之后**?*"

诚如上面所讲的，批量归一化标准化了一个层的**激活值**，唯一合乎逻辑的结论是**批量归一化层出现在激活函数之后**。这是有道理的，对吧？在归一化之后放置一个激活函数会完全修改下一层的输入并破坏批量归一化的目的。

还可以这样？

有人认为，**可以将批量归一化层放在激活函数之前**。事实上，您看一下 Inception 模块，它**就是这样的**。一方面，输出不会有零均值和单位标准差（如 ReLU 会把负值去掉）。另一方面，使用像这样放置的批量归一化在每一层中都应该发生同样的情况，因此不同层之间的分布仍然是相似的。

所以，这个问题没有简单的答案。

对于 n **个数据点的小批量**，给定一个特定的**特征** x，批量归一化将首先计算该小批量的统计信息：

$$\overline{X} = \frac{1}{n} \sum_{i=1}^{n} x_i$$

$$\sigma(X) = \sqrt{\frac{1}{n} \sum_{i=1}^{n} (x_i - \overline{X})^2}$$

式 7.2 平均值和标准差

然后，它将使用这些统计数据来**标准化小批量中的每个数据点**：

$$标准化 x_i = \frac{x_i - \overline{X}}{\sigma(X) + ?}$$

式 7.3 标准化

到目前为止，这与特征的标准化**几乎相同**，除了将"?"项添加到分母以使其数值稳定（其典型值为 1e-5）。

 由于批量归一化层旨在产生**零均值**输出，因此它使**之前层中的 bias 完全多余**。学习将被下一层立即消除的偏差会浪费计算。因此，最好在**上一层设置 bias = False**（您可以在上一节的 BasicConv2d 代码中查看到它）。

实际的区别是最后**可选的仿射变换**：

$$批量归一化 x_i = b + w \ 标准化 x_i$$

式 7.4 批量归一化

如果您选择**不执行仿射变换**，它将**自动把参数 b 和 w 分别设置为 0 和 1**。虽然我选择了熟悉的 b 和 w 来表示这些参数，但更清楚的是，这种转换并没有什么特别之处，您会发现它们在文献中分别表示为 β 和 γ。此外，这些术语可能以不同的顺序出现，如下所示：

$$批量归一化 x_i = 标准化 x_i \gamma + \beta$$

式 7.5 使用仿射变换进行批量归一化

将仿射变换放在一边，专注于批量归一化的不同方面：它不仅计算每个小批量的统计信息，而且还跟踪……

▶️ 游程(running)统计

由于批量归一化计算小批量的统计数据，而**小批量包含少量的点**，因此这些**统计数据可能会波动很大**。小批量越小，统计数据的波动就越大。但是，更重要的是，它应该使用哪些**统计数据来处理看不见的数据**(如验证集中的数据点)呢?

在评估阶段(或者当模型已经训练和部署时)，**没有小批量**。为模型提供**单个输入**以获取其预测是非常自然的。显然，单个数据点没有统计数据：它是自己的均值，方差为零。您怎么能保证标准化呢? 您不能! 所以，我重复提出如下这个问题。

仿射变换和内部协变量偏移(ICS)

如果开发批量归一化以通过产生具有**零均值和单位标准差**的输出来缓解 ICS(请记住，这只是针对不同层中激活值的不同分布)，那么**仿射变换**怎么可能适应这种情况呢?

理论上**它不能**……如果归一化层可以学习任何仿射变换，它的输出可能有**任何平均值和任何标准差**。对于在不同层上产生类似分布以减轻内部协变量偏移，这非常重要。

尽管如此，PyTorch 中的**批量归一化层默认执行仿射变换**。

如果您查看 Inception 模块，它使用 PyTorch 的默认值。因此，它的批量归一化层不仅执行仿射变换，而且放在激活函数之前。显然，这根本没有缓解 ICS，但它仍然成功地用于许多模型架构，如 Inception。您可能会想怎么会这样呢?

说实话，减轻 ICS 是批量归一化背后的最初动机，但后来发现这种技术实际上**改善了模型训练是出于不同的原因**[124]。是不是有点像剧情转折。

这一切都归结为**使损失面更平滑**。实际上已经在第 0 章中看到了在损失面上使用标准化的效果：它变得更加碗状，从而使梯度下降更容易找到最小值。您能想象在一个千维特征空间中吗? 不! 我也不能想象! 但是请坚持这个想法，因为我们将在"残差连接"部分中讨论它。

"在对看不见的数据应用批量归一化时，模型应该使用哪些统计数据?"

如何跟踪游程统计数据(即统计数据的移动平均值)? 这是**平滑波动**的好方法。此外，每个数据点都有机会为统计数据做出贡献。这就是批量归一化所做的。

使用代码来看看它的实际效果……使用一个包含 200 个随机数据点和两个特征的虚拟数据集。

```
torch.manual_seed(23)
dummy_points = torch.randn((200, 2)) + torch.rand((200, 2)) * 2
dummy_labels = torch.randint(2, (200, 1))
dummy_dataset = TensorDataset(dummy_points, dummy_labels)
dummy_loader = DataLoader(dummy_dataset, batch_size=64, shuffle=True)
```

大小为 64 的小批量小到足以具有波动统计数据，大到足以绘制像样的直方图。

获取 3 个小批量，并绘制对应第一个小批量中每个特征的直方图，如图 7.8 所示。

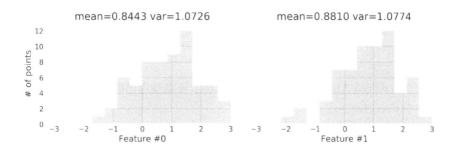

图 7.8　批量归一化之前

```
iterator = iter(dummy_loader)
batch1 = next(iterator)
batch2 = next(iterator)
batch3 = next(iterator)
```

批量归一化、 小批量大小和正则化

据说批量归一化对**小批量大小**实施了**下限**。

问题是**统计数据**的自然**波动**。如上所述，小批量越小，统计数据的波动就越大。如果**它们太小**，其统计数据可能会**与整个训练集**的整体统计数据**显著偏离**，从而对模型的训练产生**负面影响**。

对于那些不可能拥有更大的小批量(如由于硬件限制)来防止上述问题的情况，也有可能使用**批量重整化**(是的，这是一件事)。但是，这种技术超出了本书的知识范围。

另一方面，**统计数据的波动**实际上是在训练过程中**注入了随机性**，从而具有**正则化效果**，并对模型的训练**产生积极**影响。

在第 6 章讨论了另一个正则化过程：丢弃。它注入随机性的方式是将一些输入归零，这样它的输出也会略有变化或波动。

由于批量归一化层和丢弃层都具有正则化效果，因此将**这两个层结合起来实际上可能会损害模型性能**。

```
mean1, var1 = batch1[0].mean(axis=0), batch1[0].var(axis=0)
mean1, var1
```

输出：

```
(tensor([0.8443, 0.8810]), tensor([1.0726, 1.0774]))
```

这些功能肯定可以从一些标准化中受益。使用 nn.BatchNorm1d 来完成它。

```
batch_normalizer = nn.BatchNorm1d(num_features=2, affine=False, momentum=None)
batch_normalizer.state_dict()
```

输出：

```
OrderedDict([('running_mean', tensor([0., 0.])),
             ('running_var', tensor([1., 1.])),
             ('num_batches_tracked', tensor(0))])
```

num_features 参数应与输入的维度匹配。为简单起见，**不会使用仿射变换（affine＝False）**，也**不会使用动量**（本节稍后会详细介绍）。

批量归一化器的 state_dict 告诉我们游程均值和方差的初始值，以及它已经用于计算游程统计信息的批数。下面看看在**归一化第一个小批量**后它们会发生什么。

```
normed1 = batch_normalizer(batch1[0])
batch_normalizer.state_dict()
```

输出：

```
OrderedDict([('running_mean', tensor([0.8443, 0.8810])),
             ('running_var', tensor([1.0726, 1.0774])),
             ('num_batches_tracked', tensor(1))])
```

太好了，它与之前计算的统计数据相符。现在得出的数值应该是**标准化**的，对吧？仔细检查一下。

```
normed1.mean(axis=0), normed1.var(axis=0)
```

输出：

```
(tensor([ 3.3528e-08, -9.3132e-09]), tensor([1.0159, 1.0159]))
```

"这看起来有点**不对劲**……方差不**应该**是 1 吗？"

是的，其实也没有不对劲。我承认本人也觉得这有点烦人……**游程方差**是**无偏**的，但小批量数据点的实际标准化使用的是**有偏方差**。

"两者有什么区别？"

区别仅在于分母：

$$有偏方差(X) = \frac{1}{n} \sum_{i=1}^{n} (x_i - \overline{X})^2$$

$$方差(X) = \frac{1}{n-1} \sum_{i=1}^{n} (x_i - \overline{X})^2$$

式 7.6　有偏方差

这实际上是通过设计实现的。我们不在这里讨论其中的道理，但是，如果您想仔细检查标准化小批量的方差，可以使用以下方法。

```
normed1.var(axis=0, unbiased=False)
```

输出：

```
tensor([1.0000, 1.0000])
```

这和预想的还差不多。我们还可以再次绘制直方图，以便更轻松地可视化批量归一化的效果，如图 7.9 所示。

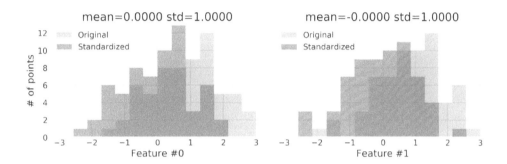

图 7.9　批量归一化之后

虽然批量归一化实现了**零均值和单位标准差**的输出，但输出的整体分布仍然主要由输入的分布决定。

批量归一化不会将其变成一个**正态分布**。

如果将第二个小批量提供给批量归一化器，它将相应地更新其游程统计信息。

```
normed2 = batch_normalizer(batch2[0])
batch_normalizer.state_dict()
```

输出：

```
OrderedDict([('running_mean', tensor([0.9070, 1.0931])),
            ('running_var', tensor([1.2592, 0.9192])),
            ('num_batches_tracked', tensor(2))])
```

游程均值和游程方差都是小批量的简单平均值。

```
mean2, var2 = batch2[0].mean(axis=0), batch2[0].var(axis=0)
running_mean, running_var = (mean1 + mean2) / 2, (var1 + var2) / 2
running_mean, running_var
```

输出：

```
(tensor([0.9070, 1.0931]), tensor([1.2592, 0.9192]))
```

现在，假设我们已经**完成了训练**（即使没有实际的模型），并且正在使用第 3 个小批量进行**评估**。

评估阶段

就像丢弃一样，批量归一化也会根据**模式**表现出**不同的行为**：train( ) 或 eval( )。我们已经看到了它在训练阶段的作用。我们还意识到，为任何不是训练数据的数据**计算统计数据是没有意义的**。

因此，在**评估阶段**，它将使用训练期间计算的**游程统计**数据来**标准化**新数据（在我们的小示例中是第 3 个小批量）。

```
batch_normalizer.eval()
normed3 = batch_normalizer(batch3[0])
normed3.mean(axis=0), normed3.var(axis=0, unbiased=False)
```

输出：

```
(tensor([ 0.1590, -0.0970]), tensor([1.0134, 1.4166]))
```

"是不是又有点不对劲了？"

实际上，也不是不对劲……因为它使用在训练数据上计算的统计数据来**标准化看不见的数据**，所以上面的结果是预期的。**均值将在 0 附近，标准差将在 1 附近**。

动量

还有一种计算游程统计数据的替代方法：它不是使用简单的平均值，而是使用统计数据的**指数加权移动平均值**。

然而，命名约定**非常奇怪**：EWMA 的 α **参数**被命名为**动量**，增加了混乱。PyTorch 的文档中甚至有一条关于此的警告。

"这个 momentum 参数不同于优化器类中使用的参数和传统的动量概念。"[125]

底线是：忽略令人困惑的命名约定，将"**动量**"参数视为常规 EWMA 的 α 参数。

该文档在介绍"动量"的数学公式时还使用 x 来指代特定的统计数据，这根本没有帮助。
因此，为了清楚地说明正在计算什么，我向您展示以下公式：

$$\text{EWMA}_t(\alpha, x) = \alpha\, x_t + (1-\alpha)\,\text{EWMA}_{t-1}(\alpha, x)$$

$$游程统计_t = "动量"统计_t + (1-动量)游程统计_{t-1}$$

式 7.7　游程统计

在实践中尝试一下。

```
batch_normalizer_mom = nn.BatchNorm1d(
    num_features=2, affine=False, momentum=0.1
```

```
)
batch_normalizer_mom.state_dict()
```

输出：

```
OrderedDict([('running_mean', tensor([0., 0.])),
            ('running_var', tensor([1., 1.])),
            ('num_batches_tracked', tensor(0))])
```

对于游程均值和游程方差，初始值分别为 0 和 1。这些将是时间 $t-1$ 的游程统计信息。如果通过它运行第一个小批量会发生什么？

```
normed1_mom = batch_normalizer_mom(batch1[0])
batch_normalizer_mom.state_dict()
```

输出：

```
OrderedDict([('running_mean', tensor([0.0844, 0.0881])),
            ('running_var', tensor([1.0073, 1.0077])),
            ('num_batches_tracked', tensor(1))])
```

游程统计数据几乎没有变化，因为小批量统计数据乘以"**动量**"参数，可以很容易地验证游程均值的结果。

```
running_mean = torch.zeros((1, 2))
running_mean = 0.1 * batch1[0].mean(axis=0) + (1 - 0.1) * running_mean
running_mean
```

输出：

```
tensor([[0.0844, 0.0881]])
```

　　"很好，不过目前只用过 BatchNorm1d，而 Inception 模块居然用了 BatchNorm2d……"

很高兴您提出这个问题。

一维和**二维批量归一化**的区别其实很简单：前者标准化特征(列)，而后者**标准化通道(像素)**。这在代码中更容易看到。

```
torch.manual_seed(39)
dummy_images = torch.rand((200, 3, 10, 10))
dummy_labels = torch.randint(2, (200, 1))
dummy_dataset = TensorDataset(dummy_images, dummy_labels)
dummy_loader = DataLoader(dummy_dataset, batch_size=64, shuffle=True)

iterator = iter(dummy_loader)
batch1 = next(iterator)
batch1[0].shape
```

输出：

```
torch.Size([64, 3, 10, 10])
```

上面的代码创建了一个包含 200 个大小为 10×10 像素的彩色（三通道）图像的虚拟数据集，然后检索第一个小批量。小批量具有预期的 NCHW 形状。

批量归一化是在 C 维度上完成的，因此它将使用剩余维度计算统计信息：N、H 和 W（axis = $[0, 2, 3]$），代表**在小批量中每幅图像特定通道的所有像素**。

nn. BatchNorm2d 层具有与其一维对应层相同的参数，但其 **num_features 参数**必须与**输入的通道数**匹配。

```
batch_normalizer = nn.BatchNorm2d(num_features=3, affine=False, momentum=None)
normed1 = batch_normalizer(batch1[0])
print(normed1.mean(axis=[0, 2, 3]), normed1.var(axis=[0, 2, 3], unbiased=False))
```

输出：

```
(tensor([ 2.3171e-08, 3.4217e-08, -2.9616e-09]), tensor([0.9999, 0.9999, 0.9999]))
```

正如预期的那样，输出中每个通道的**像素值都具有零均值和单位标准差**。

▶ 其他归一化

批量归一化当然是最流行的归一化类型，但不是唯一的一种。如果您查看 PyTorch 关于归一化层的文档，就会看到许多替代方案，如 SyncBatchNorm。但是，就像批量重整化技术一样，它们超出了本书的知识范围。

▶ 小结

这可能是本书迄今为止**最具挑战性的部分**。同时，它涵盖了很多信息，这里只是触及了这个主题的表面。所以，以下是我们已经解决的要点的小结。

- 在**训练**期间，它为每个单独的**小批量计算统计数据**（均值和方差），并使用这些统计数据生成**标准化输出**。
- **统计数据的波动**，从一个小批量到下一个，将**随机性**引入过程中，从而产生**正则化效果**。
- 由于批量归一化的正则化效果，**如果与其他正则化技术（如丢弃）结合使用，效果可能不佳**。
- 在**评估**期间，它使用在训练期间计算的**统计数据的（平滑）平均值**。
- 它最初的动机是通过在不同层产生相似的分布来解决所谓的"内部协变量偏移"，但后来发现它实际上**通过使损失面更平滑来改进模型训练。**
- 批量归一化**可以放在激活函数之前或之后**，没有所谓"正确"或"错误"的方式。
- **批量归一化层之前的层应设置其 bias=False**，以避免无用的计算。
- 尽管批量归一化的工作原理与最初认为的不同，但解决"内部协变量偏移"可能仍会带来好处，如解决**梯度消失问题**，这是下一章的主题之一。

因此，我们了解到**批量归一化**通过使**损失面更平滑**来加速训练。事实证明，还有另一种技术可以沿着这些方向工作……

残差连接

实际上，**残差连接**的想法非常简单：在将输入通过一个层和激活函数传递之后，**输入本身被添加到结果中**。就是这样！简单、优雅、有效。

"我为什么要将输入添加到结果中？"

学习恒等

神经网络及其非线性(激活函数)很棒！在"奖励"一章看到了模型如何设法**扭曲和转动**特征空间，以至于可以在转换后的特征空间**用直线分隔类**。但**非线性既是福也是祸**：它们使模型很难学习**恒等函数**。

为了说明这一点，从一个包含 100 个具有单个特征的随机数据点的虚拟数据集开始。但是这个特性不仅仅是一个特性，它也是一个标签。数据准备相当简单，如下所示。

```
torch.manual_seed(23)
dummy_points = torch.randn((100, 1))
dummy_dataset = TensorDataset(dummy_points, dummy_points)
dummy_loader = DataLoader(dummy_dataset, batch_size=16, shuffle=True)
```

如果使用简单的**线性模型**，那将是**显而易见**的，对吧？该模型将**保持输入原样**(将其乘以 1——权重，并添加 0——偏差)。但是如果**引入非线性**会发生什么？配置模型并训练它，下面看看会发生什么。

```
class Dummy(nn.Module):
    def __init__(self):
        super(Dummy, self).__init__()
        self.linear = nn.Linear(1, 1)
        self.activation = nn.ReLU()

    def forward(self, x):
        out = self.linear(x)
        out = self.activation(out)
        return out
torch.manual_seed(555)
dummy_model = Dummy()
dummy_loss_fn = nn.MSELoss()
dummy_optimizer = optim.SGD(dummy_model.parameters(), lr=0.1)
```

```
dummy_sbs = StepByStep(dummy_model, dummy_loss_fn, dummy_optimizer)
dummy_sbs.set_loaders(dummy_loader)
dummy_sbs.train(200)
```

如果将实际标签与模型的预测进行比较，会发现它**无法学习恒等函数**。

```
np.concatenate([dummy_points[:5].numpy(),
                dummy_sbs.predict(dummy_points)[:5]], axis=1)
```

输出：

```
array([[-0.9012059 , 0.          ],
       [ 0.56559485, 0.56559485],
       [-0.48822638, 0.          ],
       [ 0.75069577, 0.75069577],
       [ 0.58925384, 0.58925384]],dtype=float32)
```

这里没有惊喜，对吧？由于 ReLU 只能返回正值，所以它永远无法产生负值的点。

"等等，这看起来不对……**输出**层在哪里？"

好吧，您抓住了重点……我故意压制了输出层来说明这一点。在我向模型添加**残差连接**时，请再耐心一下，继续往下看。

```
class DummyResidual(nn.Module):
    def __init__(self):
        super(DummyResidual, self).__init__()
        self.linear = nn.Linear(1, 1)
        self.activation = nn.ReLU()

    def forward(self, x):
        identity = x                          ①
        out = self.linear(x)
        out = self.activation(out)
        out = out + identity                  ①
        return out
```

① 将输出添加到结果中。

猜猜如果用 DummyResidual 模型替换 Dummy 模型并重新训练，会发生什么？

```
np.concatenate([dummy_points[:5].numpy(),
                dummy_sbs.predict(dummy_points)[:5]], axis=1)
```

输出：

```
array([[-0.9012059 , -0.9012059 ],
       [ 0.56559485, 0.56559485],
       [-0.48822638, -0.48822638],
       [ 0.75069577, 0.75069577],
       [ 0.58925384, 0.58925384]], dtype=float32)
```

看起来模型实际上学习了恒等函数……这么一看，还是做到了？下面检查它的参数。

```
dummy_model.state_dict()
```

输出：

```
OrderedDict([('linear.weight', tensor([[0.1488]], device='cuda:0')),
             ('linear.bias', tensor([-0.3326], device='cuda:0'))])
```

对于等于 0 的输入值，线性层的输出将为 -0.3326，而这又会被 ReLU 激活所截断。现在我有一个问题要问您：

"哪些输入值产生**大于零**的输出？"

答案是：高于 2.2352(= 0.3326/0.1488)的输入值将产生正输出，而这些正输出又会被 ReLU 激活通过。但我还有一个问题要问您：

"猜猜数据集中的**最高**输入值是多少？"

足够接近！我假设您的答案是 2.2352，但它只是比这少一点。

```
dummy_points.max()
```

输出：

```
tensor(2.2347)
```

"那又怎样？这实际上**意味**着什么吗？"

这意味着**模型学会了避开**输入！现在模型能够直接使用原始输入，它的线性层学会了只产生负值，所以其非线性不会干扰输出。很有意思，对吧？

残差连接作为一种**捷径**，使模型能够在获得回报时**跳过**非线性(如果它产生较小的损失)。因此，残差连接也称为**跳跃连接**。

"我还是不太明白……这有什么实际意义？"

重要的是，这些捷径**使损失面更平滑**，因此梯度下降更容易找到最小值。如果不相信我的话，去看看 Li 等人在他们的论文"Visualizing the Loss Landscape of Neural Nets"[126]中制作的美丽的损失景观可视化。

太棒了，对吧？这些就是 ResNet 模型的多维损失面的投影，有和没有跳跃连接，猜猜哪一个更容易训练？

如果您想看到更多这样的景观，请务必查看他们网站中的论文：Visualizing the Loss Landscape of Neural Nets[127]。

 这些**捷径**的另一个优点是它们**为梯度**返回初始层提供了**更短的路径**，从而防止了**梯度消失**问题。

▶ 残差块

终于准备好处理 ResNet 模型的主要组件(ILSVRC-2015 的最佳表现者)，即残差块，如图 7.10 所示。

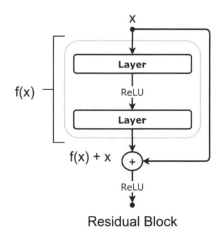

● 图 7.10　残差块

除了残差块有**两个连续的权重层**和**最后的 ReLU 激活**外，它与我们的 DummyResidual 模型没有太大区别。此外，它可能有**两个以上的连续权重层**，并且权重层**不一定**必须是**线性的**。

对于图像分类，使用**卷积层**更有意义，对吧？正确！为什么不在混合中加入一些**批量归一化**层呢？当然！残差块现在看起来像如下这样。

```
class ResidualBlock(nn.Module):
    def __init__(self, in_channels, out_channels, stride=1):
        super(ResidualBlock, self).__init__()
        self.conv1 = nn.Conv2d(
            in_channels, out_channels,
            kernel_size=3, padding=1, stride=stride,
            bias=False
        )
        self.bn1 = nn.BatchNorm2d(out_channels)
        self.relu = nn.ReLU(inplace=True)

        self.conv2 = nn.Conv2d(
```

```
                out_channels, out_channels,
                kernel_size=3, padding=1,
                bias=False
        )
        self.bn2 = nn.BatchNorm2d(out_channels)

        self.downsample = None
        if out_channels ! = in_channels:
            self.downsample = nn.Conv2d(
                in_channels, out_channels,
                kernel_size=1, stride=stride
            )

    def forward(self, x):
        identity = x
        #第一个"权重层"+激活
        out = self.conv1(x)
        out = self.bn1(out)
        out = self.relu(out)
        #第二个"权重层"
        out = self.conv2(out)
        out = self.bn2(out)
        #这是什么
        if self.downsample is not None:
            identity = self.downsample(identity)
        #激活前添加输入
        out += identity
        out = self.relu(out)

        return out
```

应该很清楚了，除了一个小细节：**可能**需要对输入进行**下采样**。

"这是为什么？"

要**将两幅图像相加**，它们**必须具有相同的尺寸**，不仅是高度和宽度，还包括通道数（相加与堆叠通道不同）。这给残差块带来了问题，因为最后一个**卷积层的输出通道数**可能**与输入的通道数不同**。

如果只有一个操作可以获取原始输入并生成具有**不同数量通道的输出**，那就好了……您知道是什么吗？

"卷积层吧？"

答对了！可以**使用另一个卷积层**来产生一个输入（现在已经修改过了），该输入具有**匹配的通道数**，因此可以将其添加到主输出中。

> ❓ "但那**不再**是原来的输入了，是吗？"

是的，不是原来的输入了，因为它会被下采样卷积层修改。不过，即使它与学习恒等函数的想法有些背道而驰，但**捷径**的想法仍然存在。

最后，为了说明跳跃连接对图像的影响，我将"*石头、剪刀、布*"数据集中的一幅图像通过随机初始化的残差块(3 个通道输入和输出，没有下采样)，并使用和不使用跳跃连接，结果如图 7.11 所示。

Original　　　　No Skip　　　　Skip

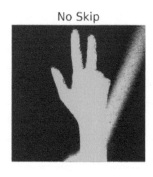

● 图 7.11　　正在运行的跳跃连接

一方面，如果没有跳跃连接，一些信息可能会丢失，如手背上的不同阴影。另一方面，跳跃连接可能有助于保留该信息。

这就是 ResNet 模型背后的总体思路。当然，整个架构比这更复杂，堆叠了许多不同的残差块，并添加了更多的功能。在这里不再赘述，但预训练的模型可以很容易地用于迁移学习，就像对 AlexNet 模型所做的那样。

 归纳总结

在本章已经完成了将**迁移学习**与**预训练模型**一起用于计算机视觉任务的必要步骤：使用 **ImageNet 统计数据**来预处理输入、**冻结层**(或不冻结)、**替换顶层**以及可选地加速通过**生成特征和独立训练模型的顶层**来进行训练。

数据准备

```
#ImageNet 统计数据
normalizer = Normalize(mean=[0.485, 0.456, 0.406], std=[0.229, 0.224, 0.225])
composer = Compose([Resize(256),
                    CenterCrop(224),
                    ToTensor(),
                    normalizer])
train_data = ImageFolder(root='rps', transform=composer)
val_data = ImageFolder(root='rps-test-set', transform=composer)
```

```
#构建每个集合的加载器
train_loader = DataLoader(train_data, batch_size=16, shuffle=True)
val_loader = DataLoader(val_data, batch_size=16)
```

这一次，使用最小版本的 **ResNet** 模型（resnet18），并对其进行微调或仅将其用作特征提取器。

  微调

模型配置（1）

```
model = resnet18(pretrained=True)
torch.manual_seed(42)
model.fc = nn.Linear(512, 3)
```

没有冻结，因为微调需要训练所有权重，而不仅仅是来自顶层的权重。

模型配置（2）

```
multi_loss_fn = nn.CrossEntropyLoss(reduction='mean')
optimizer_model = optim.Adam(model.parameters(), lr=3e-4)
```

模型训练

```
sbs_transfer = StepByStep(model, multi_loss_fn, optimizer_model)
sbs_transfer.set_loaders(train_loader, val_loader)
sbs_transfer.train(1)
```

下面看看模型在训练一个周期后可以完成什么。

评估

```
StepByStep.loader_apply(val_loader, sbs_transfer.correct)
```

输出：

```
tensor([[124, 124],
        [124, 124],
        [124, 124]])
```

效果满分！

如果**冻结**了上面模型中的**层**，这将是一个**适合于数据增强的特征提取**案例，因为在连接模型其余部分的同时训练顶层。

▶ 特征提取

在接下来的模型中，要**修改模型**（用**恒等**层替换顶层），首先生成**特征数据集**，然后使用它来独立训练真正的顶层。

模型配置（1）

```
device = 'cuda' if torch.cuda.is_available() else 'cpu'
model = resnet18(pretrained=True).to(device)
```

```
model.fc = nn.Identity()
freeze_model(model)
```

数据准备——预处理

```
train_preproc = preprocessed_dataset(model, train_loader)
val_preproc = preprocessed_dataset(model, val_loader)
train_preproc_loader = DataLoader(train_preproc, batch_size=16, shuffle=True)
val_preproc_loader = DataLoader(val_preproc, batch_size=16)
```

一旦特征数据集及其对应的加载器准备就绪，则只需要**创建一个与顶层**对应的模型并按照通常的方式对其进行训练即可。

模型配置——顶层模型

```
torch.manual_seed(42)
top_model = nn.Sequential(nn.Linear(512, 3))
multi_loss_fn = nn.CrossEntropyLoss(reduction='mean')
optimizer_top = optim.Adam(top_model.parameters(), lr=3e-4)
```

模型训练——顶层模型

```
sbs_top = StepByStep(top_model, multi_loss_fn, optimizer_top)
sbs_top.set_loaders(train_preproc_loader, val_preproc_loader)
sbs_top.train(10)
```

当然可以评估模型，因为它使用相同的数据加载器(包含预处理特征)。

评估——顶层模型

```
StepByStep.loader_apply(val_preproc_loader, sbs_top.correct)
```

输出：

```
tensor([[ 98, 124],
        [124, 124],
        [104, 124]])
```

但是，如果想在**原始数据集**(包含图像)**上进行尝试**，则需要将**顶层附加回来。**

替代顶层

```
model.fc = top_model
sbs_temp = StepByStep(model, None, None)
```

仍然可以为完整的模型创建一个单独的 StepByStep 实例，以便能够调用它的 predict 或 correct 方法(在这种情况下，损失函数和优化器都设置为 None，因为不用再训练模型)。

评估

```
StepByStep.loader_apply(val_loader, sbs_temp.correct)
```

输出：

```
tensor([[ 98, 124],
        [124, 124],
        [104, 124]])
```

正如预期的那样，得到了相同的结果。

 回顾

在本章介绍了 **ImageNet** 大规模视觉识别挑战赛（ILSVRC）以及为应对它而开发的许多模型架构（如 AlexNet、VGG、Inception 和 ResNet 等）。使用其预训练的权重来执行迁移学习，并为我们的分类任务微调或提取特征。此外，快速浏览了这些模型中内置的许多架构元素的内部运作。以下就是本章所涉及的内容。

- 学习**迁移学习**。
- 了解 **ImageNet**、ILSVRC 以及为解决它而开发的最流行的架构。
- **比较**这些架构的大小、速度和性能。
- 加载 AlexNet 模型。
- 加载模型的**预训练权重**。
- **冻结**模型**层**。
- **替换**模型的"顶"层。
- 了解**微调**和**特征提取**之间的区别。
- 使用 **ImageNet 统计数据**预处理图像。
- 使用冻结模型生成**特征数据集**。
- 训练独立模型并将其**附加**到原始模型。
- 了解**辅助分类器**在深度架构中的作用。
- 构建一个也可以处理辅助分类器的**损失函数**。
- 训练 **Inception V3** 模型的**顶层**。
- 使用 **1×1 卷积**作为**降维层**。
- 构建 **Inception 模块**。
- 了解**批量归一化**层的作用。
- 讨论在激活函数之前或之后**放置**批量归一化层。
- 了解小批量大小对**批量归一化**统计的影响。
- 了解批量归一化的**正则化效果**。
- 观察批量归一化层中 **train 和** eval **模式的**效果。
- 了解什么是**残差/跳跃连接**。
- 了解**跳跃连接**对**损失面**的影响。
- 构建**残差块**。
- 使用 ResNet18 模型**微调**和**提取特征**。

恭喜您！您刚刚学完了第二卷的第 4 章到最后一章（不包括"**额外**"一章）的知识！您现在已经

熟悉了处理**计算机视觉**问题**最重要的工具和技术**。虽然总是有很多新知识要学，因为这个领域非常活跃，新技术也在不断发展，但我相信**很好地掌握这些知识**应该会帮助您更容易进一步探索和不断自学。

在下一卷，将把重点转移到**序列**和一类全新的模型上：**循环神经网络**及其变体。

扩展阅读

文中提到的阅读资料(网址)请读者按照本书封底的说明方法自行下载。

额外章　梯度消失和爆炸

剧透

在本章，将：

- 使用**初始化方案**解决**梯度消失**的问题。
- 了解**批量归一化**对梯度消失的影响。
- 使用**梯度裁剪**解决**梯度爆炸**的问题。
- 以不同的方式**裁剪梯度**：逐元素、使用其规范和使用钩子。
- 了解在反向传播**之后**或反向传播**期间**裁剪梯度的区别。

Jupyter Notebook

与额外章[128]相对应的 Jupyter Notebook 是 GitHub 官方上"**Deep Learning with PyTorch Step-by-Step**"资料库的一部分。您也可以直接在**谷歌 Colab**[129]中运行它。

如果您使用的是*本地安装*，请打开个人终端或 Anaconda Prompt，导航到从 GitHub 复制的 PyTorchStepByStep 文件夹。然后，*激活* pytorchbook 环境并运行 Jupyter Notebook。

```
$ conda activate pytorchbook

(pytorchbook) $ jupyter notebook
```

如果您使用 Jupyter 的默认设置，单击链接（http://localhost:8888/notebooks/ChapterExtra.ipynb）应该会打开额外的章。如果不行则只需单击 Jupyter 主页中的"ChapterExtra.ipynb"。

导入

为了便于组织，在任何一章中使用的代码所需的库都在其开始时导入。在本章需要以下的导入。

```
import torch
import torch.optim as optim
import torch.nn as nn
from sklearn.datasets import make_regression

from torch.utils.data import DataLoader, TensorDataset
from stepbystep.v3 import StepByStep

from data_generation.ball import load_data
```

梯度消失和爆炸

在这个**额外章**中将再次讨论**梯度**。梯度与学习率一起使模型能够更好地**学习**。在第 6 章已经对它们进行了相当详细的讨论，但只要学习率是合理的，总是假设梯度表现良好。不过，有时**梯度可能会出错**：它们可能会**消失**或**爆炸**。无论哪种方式，都需要控制它们，所以看看如何才能做到这一点。

梯度消失

您还记得如何利用 PyTorch 计算梯度吗？它从**损失值**开始，然后调用 backward 方法，该方法返回到第一层。简而言之，这就是反向传播。它适用于具有几个隐藏层的模型，但随着模型变得更深，为**初始层**中的权重计算的**梯度**将变得**越来越小**。这就是所谓的**梯度消失**问题，它一直是训练更深层模型的主要障碍。

"为什么看起来这么糟糕？"

如果梯度消失，也就是说，如果它们接近于**零，更新权重几乎不会改变它们**。换句话说，**模型没有学到任何东西**，它被**卡住**了。

"为什么会发生这种情况？"

可以将其归咎于(不)著名的"内部协变量偏移"。但是，与其讨论它，不如让我举例说明。

球数据集和块模型

使用从 **10 维球**中抽取的 **1000 个随机点**的数据集(这看起来比实际更奇特，您可以将其视为具有 1000 个点的数据集，每个点有 10 个特征)，使得每个特征为**零均值**和**单位标准差**。在这个数据集中，位于球半径一半内的点被标记为负例，而其余点被标记为正例。这是一个常见的二元分类任务。

数据生成

```
X, y = load_data(n_points=1000, n_dims=10)
```

接下来，可以使用这些数据点来创建数据集和数据加载器(这次没有小批量)。

数据准备

```
ball_dataset = TensorDataset(torch.as_tensor(X).float(), torch.as_tensor(y).float())
ball_loader = DataLoader(ball_dataset, batch_size=len(X))
```

数据准备部分完成了。那模型配置呢？为了说明梯度消失问题，需要一个比目前构建的模型**更深的模型**，称之为"**块**"模型。它是由**几个隐藏层**(和激活函数)堆叠在一起的块，每一层都包含相同数量的隐藏单元(神经元)。

我没有手动构建模型，而是创建了一个函数，允许配置这样的模型。它的主要参数是特征数量、层数、每层隐藏单元的数量、要放置在每个隐藏层之后的激活函数，以及是否应该在每个激活函数之后再添加一个批量归一化层。

模型构建

```
torch.manual_seed(11)
n_features = X.shape[1]
n_layers = 5
hidden_units = 100
activation_fn = nn.ReLU
model = build_model(n_features, n_layers, hidden_units, activation_fn, use_bn=False)
```

检查一下模型。

```
print(model)
```

输出：

```
Sequential(
  (h1): Linear(in_features=10, out_features=100, bias=True)
  (a1): ReLU()
  (h2): Linear(in_features=100, out_features=100, bias=True)
  (a2): ReLU()
  (h3): Linear(in_features=100, out_features=100, bias=True)
  (a3): ReLU()
  (h4): Linear(in_features=100, out_features=100, bias=True)
  (a4): ReLU()
  (h5): Linear(in_features=100, out_features=100, bias=True)
  (a5): ReLU()
  (o): Linear(in_features=100, out_features=1, bias=True)
)
```

结果完全符合预期！这些层被有序地标记，从 1 到层数，并根据它们的角色添加前缀：h 表示线性层，a 表示激活函数，bn 表示批量归一化层，o 表示最后（输出）层。

只缺少一个损失函数和一个优化器，也完成了模型配置部分。

模型配置

```
lloss_fn = nn.BCEWithLogitsLoss()
optimizer = optim.SGD(model.parameters(), lr=1e-2)
```

▶ 权重、 激活和梯度

为了可视化权重、激活值和梯度的变化，需要首先**捕获**这些值。幸运的是，已经为这些任务提供了适当的方法：分别为 capture_parameters、capture_gradients 和 attach_hooks。只需要创建一个 StepByStep 类的实例，配置这些方法来为相应的层捕获这些值，并为单个周期训练它。

模型训练

```
hidden_layers = [f'h{i}' for i in range(1, n_layers + 1)]
activation_layers = [f'a{i}' for i in range(1, n_layers + 1)]

sbs = StepByStep(model, loss_fn, optimizer)
sbs.set_loaders(ball_loader)
```

```
sbs.capture_parameters(hidden_layers)
sbs.capture_gradients(hidden_layers)
sbs.attach_hooks(activation_layers)
sbs.train(1)
```

由于这次没有使用小批量，因此训练一个周期的模型将使用**所有数据点**来进行以下处理。

- 执行一次**前向传递**，从而捕获**初始权重**并产生**激活值**。
- 执行一次**反向传播**，从而计算**梯度**。

为了让事情变得更简单，我还创建了一个函数，它接受一个**数据加载器**和一个**模型**作为参数，并在训练一个周期后返回捕获的值。这样，您也可以**尝试**不同的模型。

```
parms, gradients, activations = get_plot_data(train_loader=ball_loader, model=model)
```

在图 E. 1 中的左图，可以看到每一层的初始权重是均匀分布的，但第一个隐藏层的范围要大得多。这是 PyTorch 的线性层使用默认初始化方案的结果，在这里不会深入研究这些细节。

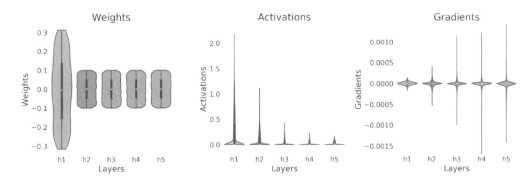

- 图 E. 1　梯度消失

随着数据从一层移动到下一层，**激活值**明显**缩小**。相反，**最后一层**的**梯度更大**，并且随着梯度下降算法返回到第一层而缩小。这是**梯度消失**的一个简单直接的例子。

 梯度也可以**爆炸**而不是消失。在这种情况下，激活值随着数据从一层移动到下一层而变得越来越大，而梯度在最后一层更小，并随着我们回到第一层而增长。不过，这种现象不太常见，并且可以使用一种称为**梯度裁剪**的技术更容易去处理，该技术简单地限制梯度的绝对值。我们稍后再谈。

 "我们如何防止梯度消失问题？"

如果设法在**所有层中获得相似的激活值分布**，那么可能会尝试一下。但是，为了实现这一点，需要**调整权重的方差**。如果处理得当，**权重的初始分布**可能会导致激活值跨层分布得**更加一致**。

 如果您还没有注意到的话，那么在所有层中保持**相似的激活值分布**正是**批量归一化**所做的处理。

因此，如果您使用批量归一化，梯度消失可能不是问题。但是，在批量归一化层出现之前，还有另一种解决问题的方法，这是下一节的主题。

▶ 初始化方案

初始化方案是**调整权重初始分布**的一种**巧妙方法**。这一切都是关于选择**最佳标准差**以用于从正态或均匀分布中抽取随机权重。在本节简要讨论两种最传统的方案，Xavier（Glorot）和 Kaiming（He），以及如何在 PyTorch 中手动初始化权重。有关这些初始化方案内部工作原理的更详细说明，请查看我的帖子"Hyperparameters in Action! Part II——Weight Initializers"[130]。

Xavier（Glorot）初始化方案由 Xavier Glorot 和 Yoshua Bengio 开发，旨在与**双曲正切（Tanh）激活函数**一起使用。根据上下文，它被称为 **Xavier** 或 **Glorot** 初始化。在 PyTorch 中，它可以作为 nn.init.xavier_uniform 和 nn.init.xavier_normal 使用。

Kaiming（He）初始化方案是由何恺明（是的，来自 ResNet 架构的同一个人）等人开发的。它旨在与**整流线性单元（ReLU）激活函数**一起使用。根据上下文，它被称为 **Kaiming** 或 **He** 初始化。在 PyTorch 中，它可以作为 nn.init.kaiming_uniform 和 nn.init.kaiming_normal 使用。

"我应该使用**均匀分布**还是**正态分布**?"

两者不会有太大的区别，但是使用**均匀**分布通常会比其他方法产生更好的结果。

"我**必须**手动初始化权重吗?"

不一定。例如，如果您正在使用**迁移学习**，这几乎**不是问题**，因为大部分模型都已经训练过了，可训练部分的错误初始化应该对模型训练几乎没有什么影响。此外，正如稍后将看到的那样，使用**批量归一化**层可以让您的模型**在权重初始化错误时更加宽容**。

"PyTorch 的默认设置呢? 我不能简单地信任它们吗?"

可以信任，但要验证。每个 PyTorch 层在 reset_parameters 方法中都有默认权重初始化。例如，Linear 层使用从均匀分布中提取的 Kaiming（He）方案进行初始化。

```
# nn.Linear.reset_parameters()
def reset_parameters(self) -> None:
    init.kaiming_uniform_(self.weight, a=math.sqrt(5))
    if self.bias is not None:
        fan_in, _ = init._calculate_fan_in_and_fan_out(self.weight)
        bound = 1 / math.sqrt(fan_in)
        init.uniform_(self.bias, -bound, bound)
```

此外，它还根据"**扇入**"（即前一层的单元数）初始化偏差。

重要提示：每个默认初始化都有其自己的假设。在这种特殊情况下，假设（在 reset_parameters 方法中）Linear 层之后将跟随一个**泄漏 ReLU**（Kaiming 初始化中 nonlinearity 参数的默认值）、**负斜率**等于 **5 的平方根**（Kaiming 初始化中的 a 参数）。

如果您的模型不遵循这些假设，则可能会遇到问题。例如，模型使用常规的 ReLU 而不是泄漏的，因此默认的初始化方案是错误的，最终得到了消失的梯度。

 "我怎么会知道?"

不幸的是，没有简单的方法解决这个问题。您可以检查一个层的 reset_parameters 方法，并从代码中找出它的假设(就像刚刚所做的那样)，或者，如果您**从头开始训练更深的模型**，最好**手动初始化层**，这样您就可以完全控制该过程了。

 现在**不用**太担心初始化方案了。这已经是一个有点高级的话题，但我认为在完成批量归一化之后值得介绍它。正如我之前提到的，无论如何，您很可能会在更深的模型中使用迁移学习。

 *"如果我**真的**想尝试自己初始化权重怎么办?"*

看一个简单的例子。假设您想使用 Kaiming 统一方案初始化所有线性层，为权重设置适当的非线性函数，并将所有偏差设置为零。您必须**构建一个以层为参数的函数**，如下所示。

权重初始化

```
def weights_init(m):
    if isinstance(m, nn.Linear):
        nn.init.kaiming_uniform_(m.weight, nonlinearity='relu')
        if m.bias is not None:
            nn.init.zeros_(m.bias)
```

该函数可以设置作为参数传递的层的 weight 和 bias 属性。请注意，用于初始化属性的 nn.init 中两个方法的末尾都有**一个下画线**，因此它们正在**原地**进行更改。

要将初始化方案实际**应用**于您的模型，可以简单地调用模型的 apply 方法，它将递归地将初始化函数应用于其所有内部层。

```
with torch.no_grad():
    model.apply(weights_init)
```

在初始化/修改模型的权重和偏差时，您还应该使用 no_grad 上下文管理器。

为了说明正确初始化的效果，我绘制了"块"模型的 3 种不同配置的激活值和梯度：正常初始化的 sigmoid 激活、Xavier 统一初始化的 TanH 激活和 Kaiming 统一初始化的 ReLU 激活，如图 E.2 所示。

在深度模型中使用 sigmoid 函数作为激活函数是没有希望的。但是，对于另外两个，应该清楚的是，**权重的正确初始化**导致激活值和梯度在**所有层上的分布更稳定**。

尽管初始化方案绝对是解决梯度消失问题的一种聪明方法，但当将批量归一化层添加到模型中时，它们的用处就会消失。

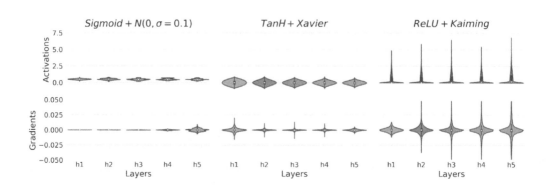

● 图 E.2　初始化的效果

 批量归一化

由于批量归一化层应该在各层之间产生相似的激活值(和梯度)分布，我们不得不问自己：

> "我们可以摆脱"糟糕"的初始化吗?"

当然可以！比较"块"模型的另外 3 种不同配置的激活值和梯度：ReLU 激活和归一化、ReLU 激活和 Kaiming 统一初始化，以及 ReLU 激活和正常初始化，**然后是批量归一化层**，如图 E.3 所示。

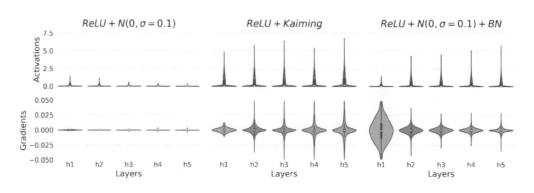

● 图 E.3　批量归一化的效果

图 E.3 的左图向我们展示了一个"糟糕"的初始化方案的结果：消失的梯度。中间图展示了正确初始化方案的结果。右图展示了**批量归一化确实可以弥补"糟糕"的初始化**。

不过，并不是所有的坏梯度都会消失……一些坏的梯度会**"爆炸"**！

▶▶ 梯度爆炸

问题的根源是一样的：越来越深的模型。如果模型只有几层，一个**大的梯度**不会造成任何"伤害"。但是，如果有很多层，梯度最终可能会**不受控制地增长**。这就是所谓的梯度爆炸问题，而且很容易发现：只需在损失中寻找 NaN 值即可。如果是这种情况，则意味着梯度变得如此之大，以至于它们**无法再被正确表示**。

"为什么会这样?"

这主要在于可能会产生复合效应[考虑将相对较小的数(如 1.5)提高到较大的幂(如 20)]，尤其是在**循环神经网络**中(第 8 章的主题)，因为沿序列**重复使用相同的权重**。但是，还有其他原因：**学习率**可能**太高**，或者**目标变量**(在回归问题中)可能具有**较大范围的值**。下面来说明一下。

数据生成和准备

使用 Scikit-Learn 的 make_regression 生成一个包含 **1000 个点**的数据集，每个点有 **10 个特征**，并带有一点噪声。

数据生成和准备

```
X_reg, y_reg = make_regression(
    n_samples=1000, n_features=10, noise=0.1, random_state=42
)
X_reg = torch.as_tensor(X_reg).float()
y_reg = torch.as_tensor(y_reg).float().view(-1, 1)

dataset = TensorDataset(X_reg, y_reg)
train_loader = DataLoader(dataset=dataset, batch_size=32, shuffle=True)
```

即使无法绘制 10 维回归，仍然可以可视化**特征**和**目标值**的**分布**，如图 E.4 所示。

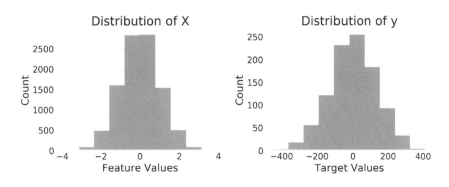

图 E.4　特征值和目标值的分布

这里的**特征值**都很合理，因为它们在典型的标准化范围内(-3, 3)。但是，**目标值**的范围非常不同，从-400 到 400。例如，如果目标变量代表货币值，则这些范围相当普遍。当然，也可以标准化目标值，但这会成为破坏**梯度爆炸**的例子。

▶ 模型配置和训练

可以建立一个相当简单的模型来解决这个回归问题：一个具有 15 个单元的**隐藏层**、一个 ReLU 作为激活函数和一个输出层的网络。

```
torch.manual_seed(11)
model = nn.Sequential()
model.add_module('fc1', nn.Linear(10, 15))
model.add_module('act', nn.ReLU())
model.add_module('fc2', nn.Linear(15, 1))
optimizer = optim.SGD(model.parameters(), lr=0.01)
loss_fn = nn.MSELoss()
```

在训练它之前，设置 StepByStep 类的实例来**捕获隐藏层**（fc1）中权重的**梯度**。

```
sbs_reg = StepByStep(model, loss_fn, optimizer)
sbs_reg.set_loaders(train_loader)
sbs_reg.capture_gradients(['fc1'])
sbs_reg.train(2)
```

事实证明，**两个周期**已经足以获得**梯度爆炸**。耶！好吧，也许不是"耶"，但您应该知道我的意思，对吧？

下面来看看损失。

```
sbs_reg.losses
```

输出：

```
[16985.014358520508, nan]
```

答对了！这是我们正在寻找的 NaN 值。这种现象不叫*损失爆炸*，而是*梯度爆炸*，所以也在那里寻找 NaN。由于隐藏层有 150 个权重，每个周期有 32 个小批量（导致在两个周期上进行 64 次梯度计算），因此更容易查看用于更新参数的**平均梯度**。

```
grads = np.array(sbs_reg._gradients['fc1']['weight'])
print(grads.mean(axis=(1, 2)))
```

输出：

```
[ 1.58988627e+00 -2.41313894e+00 1.61042006e+00 4.27530414e+00
  2.00876453e+01 -5.46269826e+01 4.76936617e+01 -6.68976169e+01
  4.89202255e+00 -5.48839445e+00 -8.80165010e+00 2.42120121e+01
 -1.95470126e+01 -5.61713082e+00 4.16399702e+01 2.09703794e-01
  9.78054642e+00 8.47080885e+00 -4.37233462e+01 -1.22754592e+01
 -1.05804357e+01 6.17669332e+00 -3.27032627e+00 3.43037068e+01
  6.90878444e+00 1.15130024e+01 8.64732616e+00 -3.04457552e+01
 -3.79791490e+01 1.57137556e+01 1.43945687e+01 8.90063342e-01
 -3.60141261e-01 9.18566430e+00 -7.91019879e+00 1.92959307e+00
 -6.55456380e+00 -1.66785977e+00 -4.13915831e+01 2.03403218e+01
```

```
-5.39869087e+02 -2.33201361e+09 3.74779743e+26            nan
              nan           nan           nan            nan
              nan           nan           nan            nan
              nan           nan           nan            nan
              nan           nan           nan            nan
              nan           nan           nan           nan]
```

第一个 NaN 出现在第 44 次更新，但**爆炸**开始于第 41 次更新：平均梯度从数百（1e+02）一步增加到数**十亿**（1e+09），再到数**兆亿**（1e+26）或其他任何值，成为一个完全的 NaN。

"我们如何解决这个问题？"

一方面，可以标准化目标值或尝试更小的学习率（如 0.001）；另一方面，可以简单地**裁剪梯度**。

▶ 梯度裁剪

梯度裁剪非常简单：您**选择一个值**并**裁剪**比您选择的值更高（绝对值）的**梯度**。就是这样。实际上，还有一个小细节：您可以为**每个梯度**选择一个值，或者为所有**梯度的范数**选择一个值。为了说明这两种机制，随机生成一些**参数**。

```
torch.manual_seed(42)
parm = nn.Parameter(torch.randn(2, 1))
fake_grads = torch.tensor([[2.5], [.8]])
```

此时，还生成了上面的**假梯度**，因此可以手动设置它们，就好像它们是我们随机参数的计算梯度一样。使用这些梯度来说明两种不同的裁剪方式。

值裁剪

这是最直接的方法：它逐个元素地裁剪梯度，使它们保持在［-clip_value，+clip_value］的范围内。可以使用 PyTorch 的 nn.utils.clip_grad_value_（）方法**原地裁剪梯度**。

```
parm.grad = fake_grads.clone()
#Gradient Value Clipping
nn.utils.clip_grad_value_(parm, clip_value=1.0)
parm.grad.view(-1,)
```

输出：

```
tensor([1.0000, 0.8000])
```

第一个梯度被**裁剪**，另一个保持其原始值。可以说，没有比这更简单的方式了。

现在，暂停片刻，将上面的梯度想象为梯度下降沿**两个不同维度的步骤**，以将**损失面**导航到（某个）最小值。如果**裁剪**其中一些步骤后会发生什么？实际上，我们正在朝着最小化的路径**改变**方向。图 E.5 说明了原始向量和裁剪向量。

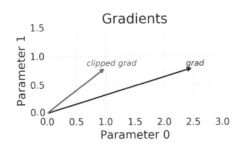

● 图 E.5　梯度：按值裁剪前后

通过**裁剪值**这样的方式修改梯度，不仅**步幅更小**，而且**方向不同**。这是一个问题吗？其实，不一定。我们能避免改变方向吗？是的，我们可以，这就是**规范裁剪**的好处。

反向钩子

正如在第 6 章中看到的，register_hook 方法为**给定参数**注册一个**反向钩子**到**张量**。**钩子函数**将**梯度作为输入**，它可能会返回**修改后**的或**裁剪**的梯度。每次计算关于该张量的梯度时都会调用钩子函数，也就是说，与其他方法不同，它可以在**反向传播期间裁剪梯度**。

下面的代码将钩子附加到模型的所有参数上，从而动态执行**梯度裁剪**。

```
def clip_backprop(model, clip_value):
    handles = []
    for p in model.parameters():
        if p.requires_grad:
            func = lambda grad: torch.clamp(grad, -clip_value, clip_value)
            handle = p.register_hook(func)
            handles.append(handle)
    return handles
```

完成后不要忘记使用 handle.remove( )方法**移除钩子**。

范数裁剪(或梯度缩放)

虽然值裁剪是一种元素操作，但**范数裁剪**将**所有梯度的范数一起**计算，就好像它们被连接成一个向量一样。如果(且仅当)**范数超过裁剪值，梯度会按比例缩小**以匹配所需的范数，否则它们保持其值。可以使用 PyTorch 的 nn.utils.clip_grad_norm_( )方法**原地缩放梯度**。

```
parm.grad = fake_grads.clone()
#梯度范数裁剪
nn.utils.clip_grad_norm_(parm, max_norm=1.0, norm_type=2)
fake_grads.norm(), parm.grad.view(-1,), parm.grad.norm()
```

输出：

```
(tensor(2.6249), tensor([0.9524, 0.3048]), tensor(1.0000))
```

假设梯度范数是 2.6249，将**范数裁剪**为 1.0，所以梯度被缩放了 0.3810 倍。
裁剪范数**保留**梯度向量的**方向**，如图 E.6 所示。

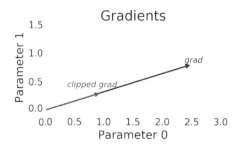

图 E.6　梯度：按范数裁剪前后

　　　"几个问题……首先，哪个更好？"

一方面，**范数裁剪**保持所有参数更新之间的**平衡**，因为它只是**缩放范数**并**保持方向**。另一方面，**值裁剪**更快，而且它稍微改变梯度向量的方向这一事实似乎对性能没有任何不利影响。所以，您使用**值裁剪**可能没问题。

　　　"其次，我应该使用哪个裁剪值？"

回答起来比较棘手……**裁剪值**是一个超参数，可以像其他任何参数一样进行微调。您可以从一个像 10 这样的值开始，如果梯度继续爆炸，您可以逐步降低。

　　　"最后，我在实践中究竟该如何做？"

很高兴您问这个问题！在 StepByStep 类中创建了更多方法来处理这两种裁剪，并修改_make_train_step 方法来解决它们。梯度裁剪必须发生**在计算梯度之后**[loss.backward( )]和**更新参数之前**[optimizer.step( )]。

StepByStep *方法*

```
setattr(StepByStep, 'clipping', None)

def set_clip_grad_value(self, clip_value):
    self.clipping = lambda: nn.utils.clip_grad_value_(
                self.model.parameters(), clip_value=clip_value
    )

def set_clip_grad_norm(self, max_norm, norm_type=2):
    self.clipping = lambda: nn.utils.clip_grad_norm_(
```

```
                    self.model.parameters(), max_norm, norm_type
        )

    def remove_clip(self):
        self.clipping = None


    def _make_train_step(self):
        #这个方法不需要 ARGS
        #可以参考属性:self.model,self.loss_fn和self.optimizer

        #构建在训练循环中执行步骤的函数
        def perform_train_step(x, y):
            #设置模型为训练模式
            self.model.train()
            #第1步:计算模型的预测输出——前向传播
            yhat = self.model(x)
            #第2步:计算损失
            loss = self.loss_fn(yhat, y)
            #第3步:计算梯度
            loss.backward()

            if callable(self.clipping):                                    ①
                self.clipping()                                            ①

            #第4步:更新参数
            self.optimizer.step()
            self.optimizer.zero_grad()

            #返回损失
            return loss.item()

        #返回将在训练循环内调用的函数
        return perform_train_step

setattr(StepByStep, 'set_clip_grad_value', set_clip_grad_value)
setattr(StepByStep, 'set_clip_grad_norm', set_clip_grad_norm)
setattr(StepByStep, 'remove_clip', remove_clip)
setattr(StepByStep, '_make_train_step', _make_train_step)
```

① 计算梯度后和更新参数前的梯度裁剪。

上面的梯度裁剪方法对大多数模型都适用，但它们对**循环神经网络**（将在第 8 章讨论）几乎没有作用，因为循环神经网络需要**在反向传播期间**裁剪梯度。幸运的是，可以使用**反向钩子**代码来实现。

StepByStep *方法*

```
    def set_clip_backprop(self, clip_value):
        if self.clipping is None:
```

```
        self.clipping = []
    for p in self.model.parameters():
        if p.requires_grad:
            func = lambda grad: torch.clamp(grad, -clip_value, clip_value)
        handle = p.register_hook(func)
        self.clipping.append(handle)

def remove_clip(self):
    if isinstance(self.clipping, list):
        for handle in self.clipping:
            handle.remove()
    self.clipping = None

setattr(StepByStep, 'set_clip_backprop', set_clip_backprop)
setattr(StepByStep, 'remove_clip', remove_clip)
```

上面的方法会将钩子附加到模型的所有参数上，并即时执行梯度裁剪。我们还调整了 remove_clip 方法用于删除与钩子关联的所有句柄。

▶ 模型配置和训练

使用下面的方法来**初始化权重**，这样就可以**重置**梯度爆炸的模型**参数**。

```
def weights_init(m):
    if isinstance(m, nn.Linear):
        nn.init.kaiming_uniform_(m.weight, nonlinearity='relu')
        if m.bias is not None:
            nn.init.zeros_(m.bias)
```

此外，使用**大于 10 倍的学习率**，毕竟现在完全控制了梯度。

```
torch.manual_seed(42)
with torch.no_grad():
    model.apply(weights_init)
```

```
optimizer = optim.SGD(model.parameters(), lr=0.1)
```

在训练它之前，使用 clip_grad_value 来确保没有梯度超过 1.0。

```
sbs_reg_clip = StepByStep(model, loss_fn, optimizer)
sbs_reg_clip.set_loaders(train_loader)
sbs_reg_clip.set_clip_grad_value(1.0)
sbs_reg_clip.capture_gradients(['fc1'])
sbs_reg_clip.train(10)
sbs_reg_clip.remove_clip()
sbs_reg_clip.remove_hooks()
fig = sbs_reg_clip.plot_losses()
```

此时似乎不再有梯度爆炸了。即使选择了更大的学习率来训练模型，损失也被最小化了（如图 E.7 所示)。

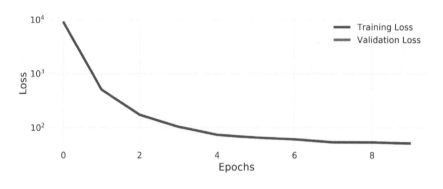

● 图 E.7　损失——按值裁剪

再来看看**平均梯度**怎么样(现在有 320 次更新，所以只看极端情况)。

```
avg_grad = np.array(sbs_reg_clip._gradients['fc1']['weight'])
.mean(axis=(1, 2))
avg_grad.min(), avg_grad.max()
```

输出：

```
(-24.69288555463155, 14.385948762893676)
```

　　"为什么这些(绝对)值比我们的裁剪值大得多?"

这些是计算出的梯度，即**在裁剪之前**。如果不加以控制，这些梯度会导致**较大的更新**，进而会导致**更大的梯度**等情况。爆炸，基本上会发生这种情况。但是这些值在用于参数更新之前都被**裁剪**掉了，所以在模型训练中一切都很顺利。

可以采取更激进的方法，并使用之前讨论过的**反向钩子**在原点处**裁剪**梯度。

▶ 用钩子裁剪

首先，再次重置参数。

```
torch.manual_seed(42)
with torch.no_grad():
    model.apply(weights_init)
```

现在，使用 set_clip_backprop 在使用钩子的**反向传播期间**裁剪梯度。

```
sbs_reg_clip_hook = StepByStep(model, loss_fn, optimizer)
sbs_reg_clip_hook.set_loaders(train_loader)
sbs_reg_clip_hook.set_clip_backprop(1.0)
sbs_reg_clip_hook.capture_gradients(['fc1'])
sbs_reg_clip_hook.train(10)
```

```
sbs_reg_clip_hook.remove_clip()
sbs_reg_clip_hook.remove_hooks()
fig = sbs_reg_clip_hook.plot_losses()
```

损失再一次表现得很好(如图 E. 8 所示)。乍一看，好像没什么区别……

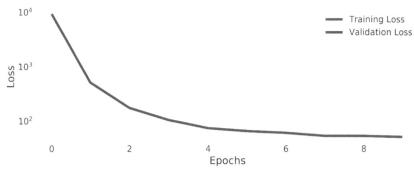

图 E. 8　损失——用钩子按值裁剪

或者我们比较两种方法在整个训练循环中的**计算梯度**分布，如图 E. 9 所示。

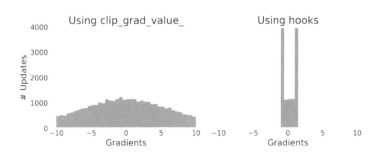

图 E. 9　训练期间的梯度分布

　　嗯，**这是**一个很大的区别！在图 E. 9 的左图，梯度是照常计算的，并且只在参数更新之前被裁剪，以防止导致梯度爆炸的复合效应。在右图，**没有梯度高于裁剪值**(绝对值)。

　　请记住，即使裁剪方法的选择似乎对于简单模型的整体损失没有影响，但这**不适用于循环神经网络**，这种情况下**应该使用钩子来裁剪梯度**。

 回顾

　　额外章比其他章要短得多，其目的是为了说明一些简单的技术来收回**对"疯狂"梯度的控制**。因此，这次跳过了"归纳总结"部分，使用两个简单的数据集和两个简单的模型来显示梯度**消失**和**爆炸**的迹象。前者通过不同的**初始化方案**和可选的**批量归一化**来解决，而后者通过以不同方式**裁剪梯度**来解决。以下是本章所涉及的内容。

- 在更深层的模型中可视化**梯度消失**问题。
- 使用函数**初始化**模型的**权重**。
- 可视化**初始化方案**对梯度的**影响**。
- 意识到**批量归一化**可以弥补**"糟糕"的初始化**。
- 理解**梯度爆炸**问题。
- 使用**梯度裁剪**解决梯度爆炸问题。
- 可视化**值裁剪**和**范数裁剪**之间的差异。
- **在反向传播期间**使用**反向钩子**执行梯度裁剪。
- 可视化反向传播**之后**和反向传播**期间**裁剪之间的差异。

在进入梯度的小范围回顾讲解之后，第二卷就结束了，这次是真的结束了。

扩展阅读

文中提到的阅读资料(网址)请读者按照本书封底的说明方法自行下载。